U0509623

新视界

始于未知　去往浩瀚

高质量发展与强国建设论丛

迈向科技强国

TOWARDS A
SCIENTIFIC AND
TECHNOLOGICAL
POWER

新质生产力下的战略路径与重点工程

STRATEGIC PATH AND KEY PROJECTS UNDER THE NEW QUALITY PRODUCTIVITY

魏际刚　岳鹏飞　李　霞　张雪姣 ◎ 著

上海人民出版社　上海远东出版社

图书在版编目（CIP）数据

迈向科技强国：新质生产力下的战略路径与重点工程 / 魏际刚等著. —— 上海：上海远东出版社，2025.
（高质量发展与强国建设论丛）. —— ISBN 978-7-5476
-2161-5

Ⅰ. N12

中国国家版本馆 CIP 数据核字第 2025VT7850 号

出 品 人 曹 建
责任编辑 陈占宏
封面设计 朱 婷

本书入选"十四五"国家重点出版物出版规划项目

高质量发展与强国建设论丛
迈向科技强国：新质生产力下的战略路径与重点工程

魏际刚 岳鹏飞 李 霞 张雪姣 等著

出　　版 上海远东出版社
　　　　　（201101　上海市闵行区号景路 159 弄 C 座）
发　　行 上海人民出版社发行中心
印　　刷 上海中华印刷有限公司
开　　本 710×1000　　1/16
印　　张 13.25
插　　页 1
字　　数 203,000
版　　次 2025 年 7 月第 1 版
印　　次 2025 年 7 月第 1 次印刷
ISBN　978-7-5476-2161-5/N・1
定　　价 78.00 元

序
以科技创新引领高质量发展

科技兴则民族兴,科技强则国家强。当前世界百年未有之大变局加速演进,科技革命与大国博弈相互交织,高技术领域成为国际竞争最前沿和主战场,深刻重塑全球秩序和发展格局。推动从科技大国迈向科技强国承载着国家发展的希冀,关乎人民对美好生活的向往与人类福祉,是一场需要从战略高度系统谋划,全方位布局、持之以恒推进的伟大征程。

从中华人民共和国成立后吹响"向科学进军"的号角,到改革开放后提出"科学技术是第一生产力"的论断;从进入 21 世纪深入实施知识创新工程、科教兴国战略、人才强国战略,不断完善国家创新体系、建设创新型国家,到党的十八大以来,深入推动实施创新驱动发展战略,确立 2035 年建成科技强国的奋斗目标,科技事业在党和人民事业中始终占有十分重要的战略地位,发挥着十分重要的战略作用。

经过七十多年的发展,我国已经成为世界上重要的科技大国,在科技领域迈出诸多坚实有力的步伐,奠定了迈向科技强国的坚实基础。然而,迈向科技强国之路绝非坦途,诸多挑战横亘在前。基础研究短板犹存;高端芯片制造等瓶颈凸显;人才结构不平衡问题亟待解决;科技成果转化效率有待提升。着眼国际格局深刻调整,中华民族伟大复兴进入关键时期,我们比历史上任何时期都更接近中华民族伟大复兴的目标,我们比历史上任何时期都更需要建设世界科技强国。必须以只争朝夕的精神,加快推动科技强国建设,进一步加大科技创新力度,抢占科技竞争和未来发展制高点。

　　为此,需要全方位探寻迈向科技强国的战略路径。实施一批重点工程,发展一批重大项目。必须持续加大基础研究投入,孕育颠覆性创新成果;集中力量攻克"卡脖子"难题,整合产学研各方资源,实现国产化替代;优化人才培养引进机制,以人才优势驱动科技发展;深化产学研合作,构建利益共享、风险共担的紧密型合作模式,疏通成果转化渠道,加速创新成果产业化进程。

　　展望未来,随着一系列战略举措实施,我国将扎实推进科技强国建设。基础研究成为创新涌泉,持续涌现重大突破,为产业变革注入持续动力;高端芯片自主可控,支撑人工智能、大数据等前沿技术深度赋能千行百业,催生智能工厂、智慧医疗、无人驾驶等新业态,重塑经济发展模式;人才汇聚,形成全球顶尖人才向往之地,多元人才在科技创新舞台各展其能;科技成果转化率大幅提升,产学研深度协同,创新成果如源头活水润泽市场,企业创新活力竞相进发,国家创新体系高效运转。

　　我国必将以全球领先的科技实力,屹立于世界强国之林,为人类进步事业书写壮丽篇章。

目 录

第一章
科技大国建设成效显著

第一节　科技大国建设的瞩目成就

中华人民共和国成立 70 多年来，我国科技事业经历了从"向科学进军"到提出"科学技术是第一生产力"，从实施科教兴国战略到建设创新型国家，从全面实施创新驱动发展战略到开启科技强国建设新征程的壮阔旅程。

党的十八大以来，以习近平同志为核心的党中央坚持把科技创新摆在国家发展全局的核心位置，提出科技创新是发展新质生产力的核心要素，对建设科技强国进行全局谋划和系统部署，推动我国科技事业不断取得新进步，我国已成为具有重要国际影响力的科技创新大国，正向着世界科技强国的宏伟目标阔步前进。

一、国家科技创新体系逐渐发展成熟

（一）科技创新战略地位日益巩固

中华人民共和国成立以来，科技事业发展一直是国家重大发展战略体系的重要内容。党中央牢牢把握世界科技和经济发展大势，结合我国实际对科

技事业发展作出重大战略部署。中华人民共和国成立初期编制《1956—1967 年科学技术发展远景规划纲要（修正草案）》（简称"十二年科技规划"），首次从国家层面对科技发展作出重要安排。改革开放初期编制《1978—1985 年全国科学技术发展规划纲要》，首次强调科技发展要与经济建设相结合。2006 年发布《国家中长期科学和技术发展规划纲要（2006—2020 年）》，强调充分发挥科技对经济社会发展的支撑引领作用。进入新时代，编制《国家中长期科学和技术发展规划（2021—2035）》，强调要加强基础科学研究，加快实现高水平科技自立自强。

（二）多元主体协同创新格局逐步形成

1949 年中国科学院成立，各地区各部门也相继开始布局建立一批科学研究机构。至 1966 年前后，全国科研机构已经从中华人民共和国成立伊始的 30 多个增加到 1 700 多个，初步形成由中国科学院、高校、产业部门、地方科研单位和国防部门组成的科学技术体系。改革开放后，我国深化科技体制改革，通过科技拨款制度改革、培育技术交易市场、推动军民融合发展、鼓励民营科技企业发展等方式，积极推动科技与经济相结合。党的十八大以来，国家创新体系建设不断提质加速，逐渐形成以科技型企业、科研院所和高等学校为主体的协同创新体系，还涌现出一批具有多元化投资、多样化模式和市场化运作特征的新型研发机构。其中，以国家实验室、研究型大学、一流科研院所和科技领军企业为代表的国家战略科技力量，是我国科学技术攻关的骨干力量。

（三）国家重点科技计划体系有序推进

科技计划是政府支持科技创新活动的重要方式，是引导各类资源向重大科技领域有效配置的重要抓手。1956 年，我国重点梳理出 57 项重要科学技术任务和 600 多个中心问题，提出 12 项具有关键意义的重大任务，成为国家科技计划体系的雏形。改革开放后，国家科技计划体系不断调整，到"十二五"时期，基本形成了以重大专项和基本计划为核心的体系。重大专项为我国关键领域核心技术突破和资源集成提供重要支撑，基本计划则包括国家重点基础研究发展计划(简称"973 计划")、国家高技术研究发展计划(简称"863 计划")等。2014 年,我国科技计划体系进一步整合为五类科技计划,包括国家自然科学基金、国家科技重大专项、国家重点研发计划、技术创新引导专项(基金)以及基地和人才专项,成为新时代推动国家重大科技创新需求落地的重要渠道。

(四)基础研究战略布局不断优化

中华人民共和国成立后,我国相继取得了第一颗原子弹装置爆炸成功、第一枚自行设计制造的运载火箭发射成功、世界上首次人工合成牛胰岛素等一批追赶世界水平的重大科技成果。改革开放后,我国基础研究逐渐形成了较为完整的学科布局,一批新兴交叉学科快速发展,若干领域进入世界先进行列。党的十八大以来,我国进一步强化基础研究战略布局,在干细胞及转化、纳米科技、量子调控和量子信息、蛋白质与生命过程调控、合成生物学等多个领域布局开展重大科学问题研究。同时,积极推进系列重大科研基础设施建设,500 米口径球面射电望远镜(FAST)、磁约束核聚变实验装置(EAST)、中国散裂中子源、中微子实验室等。依托重大科学装置和基础设施平台,我国在空间探测、核聚变研究和微观世界研究等基础前沿领域科研能力显著提升。

二、科技创新投入要素加速集聚

(一)研发经费投入不断取得历史性突破

2023 年我国全社会研究与试验发展(R&D)经费投入规模达 33 278 亿元,比 1991 年增长 233 倍,年均增长 18.6%。党的十八大以来,我国加快实施创新驱动发展战略,全社会研发经费加速集聚,全社会 R&D 经费分别于 2019 年和 2022 年迈上 2 万亿元和 3 万亿元台阶,成为仅次于美国的世界第二大研发投入国家。R&D 经费投入强度从 1991 年的 0.6% 提升至 2023 年的 2.64%,在世界上名列第 12 位,同经济合作与发展组织(简称"经合组织",OECD)国家(2.7%)差距进一步缩小。

（二）人才资源科技创新红利持续释放

人才是科技创新的第一资源,我国劳动年龄人口素质稳步提升,为创新发展提供了丰富人才储备。根据第七次全国人口普查数据,2020 年我国大专及以上受教育程度人口占比达 23.6%,比 2010 年第六次全国人口普查数据提高约 11.3 个百分点。随着科教兴国、人才强国战略实施,我国科技创新人才队伍不断壮大。1991 年以来,我国按折合全时工作量计算的研发人员总量增长了 10 倍,2012 年突破 300 万人年,2013 年超过美国,2023 年达 724 万人年,连续 11 年稳居世界第一。

（三）财税政策引导支持力度不断增强

我国不断优化调整财税政策,加强对科技创新的支持力度,激励企业不断加大研发投入。1985 年科技拨款制度重大改革以来,全国财政科技支出稳步增长,在国家公共财政支出中所占比重保持稳定。2012 年和 2019 年财政科学技术支出分别迈上 5 000 亿元和 1 万亿元台阶,2022 年达 1.1 万亿元。综合运用税收优惠措施激励企业加大研发投入。1996 年开始实施企业研发费用加计扣除政策,近年来,企业研发费用加计扣除政策持续扩大适用范围、提升扣除比例、简化申报程序,从 2023 年企业所得税预缴申报情况看,企业累计享受加计扣除的研发费用金额达 1.85 万亿元。此外,包括高新技术企业所得税优惠政策在内的一系列税收政策,均有效降低了企业研发活动成本。

（四）多层次科技金融支持体系逐渐成形

党的十八大以来,我国持续深化科技金融的供给侧结构性改革,多层次的科技金融体系逐步发育。一方面直接融资渠道更为多元,面向初创期科技型企业或团队的创投风投市场逐步成长,面向起步期或成长期科技型企业的股票市场不断进行制度创新。2013 年设立"新三板",2019 年设立"科创板",重点满足科创型企业直接融资需求。截至 2023 年年底,科创板共有

566 家挂牌企业,总市值达 6.2 万亿元。2018 年港交所允许未有收入利润的生物科技企业提交上市申请,截至 2023 年年底共有 64 家生物科技企业通过该规则在港股上市。另一方面间接融资惠及面扩大,银行信贷对科创企业的重点倾斜和支持力度提升。2023 年年末,获得贷款支持的科技型中小企业和高新技术企业分别达 21.2 万家和 21.8 万家,本外币贷款余额分别达 2.5 万亿元和 13.6 万亿元。

(五) 科技创新服务体系作用发挥更加充分

1981 年我国首次提出对科技成果进行有偿转让,技术交易市场开始孕育发展。1996 年 10 月 1 日起施行《中华人民共和国促进科技成果转化法》;2015 年 8 月 29 日,对该法律进行修订并制定配套政策和行动方案,技术要素市场加速发展壮大。2023 年,我国技术市场成交合同金额达 4.8 万亿元,比 1991 年增长 387 倍,年均增长 20.1%。各类科技服务机构快速发展,生产力促进中心、科技企业孵化器、众创空间等为企业提供创业辅导、技术转移、检验检测等全链条创新创业服务,有效促进科技成果转化应用。

三、科技创新成果数量和质量实现双提升

(一) 基础前沿研究取得重大原创成果

中华人民共和国成立以来,我国基础研究经历了从跟踪模仿到并行乃至引领的过程,在一批重点领域和关键方向取得大量具有国际影响力的创新成果。20 世纪 60—70 年代,我国先后成功爆炸第一颗原子弹、氢弹,发射第一颗人造地球卫星,成功合成牛胰岛素。改革开放后,我国基础研究在多个领域取得突破,高温超导研究保持国际领先,大亚湾中微子实验发现新的中微子振荡,量子反常霍尔效应、多光子纠缠世界领先。党的十八大以来,我国在基础前沿领域取得更多原创性成果,“中国天眼”FAST 发现脉冲星数量超过 740 颗,高海拔宇宙线观测站(LHAASO)记录到 1.4 拍(1 拍 = 1 000 万亿)电子伏伽马光子,是人类观测到的最高能量光子;首次实现二氧化碳人工合成

淀粉,为从二氧化碳到淀粉的人工合成"创造"提供新途径;量子计算原型机"九章""祖冲之二号"实现量子优越性,"怀柔一号"卫星实现引力波暴高能电磁对应体的多波段快速监测等。

(二)战略高技术领域取得新跨越

我国在航天、深海、交通、信息技术等战略高技术领域不断取得新突破,部分领域实现从跟跑向并跑、领跑的跨越。航天领域,从"东方红一号"卫星成功发射,到中国空间站全面建成,再到嫦娥六号实现人类首次月球背面采样返回,"天问一号"开启火星探测之旅,我国航天技术不断迈向新高度。深海领域,"奋斗者"号成功坐底马里亚纳海沟,创造 10 909 米的载人深潜纪录;"深海一号"能源站在南海海域投产,标志着我国深海油气开发能力进入世界先进行列。交通领域,港珠澳大桥建成通车,是世界上最长的跨海大桥;复兴号高速列车实现时速 350 公里商业运营,我国高铁总里程位居世界第一;国产大飞机 C919 成功实现商业首飞,打破国外航空巨头垄断。信息技术领域,5G通信技术领先世界,我国已建成全球规模最大、技术最先进的 5G 网络;超级计算机持续保持世界领先,"神威·太湖之光""天河二号"多次在全球超算排行榜夺冠;量子通信实现实用化,"墨子号"量子科学实验卫星实现千公里级量子纠缠分发和量子密钥分发。

(三)专利和论文等创新成果数量持续增长

我国专利申请和授权数量大幅增长,2023 年,我国发明专利申请量达193.9 万件,授权量达 79.8 万件,分别是 1991 年的 77 倍和 51 倍。截至2024 年 6 月,我国国内发明专利有效量达 442.5 万件,每万人口高价值发明专利拥有量达 12.9 件。在国际科技论文方面,我国发表论文数量和被引用次数显著提升。2023 年,我国科技人员在国际上共发表科技论文 47.1 万篇,是1991 年的 15 倍,论文被引用次数世界排名第 2 位。我国在高被引论文和热点论文数量上也表现突出,2023 年,我国高被引论文数量占世界份额的27.5%,热点论文数量占世界份额的 41.7%,均位居世界第 2 位。

四、科技创新有力支撑经济社会高质量发展

(一) 推动产业升级和新动能培育

科技创新有力推动我国产业结构优化升级,新兴产业蓬勃发展。2013—2023 年,规模以上装备制造业、高技术制造业增加值年均分别增长 8.7%、10.3%。高端装备制造、新能源、新材料、生物医药等战略性新兴产业成为经济增长新引擎。智能制造快速发展,截至 2023 年年末,已培育 421 家国家级智能制造示范工厂,万余家省级数字化车间和智能工厂,推动制造业向智能化、数字化转型。数字经济规模连续多年稳居世界第二,在电子商务、数字娱乐、在线教育、远程办公等领域发展迅猛,成为经济增长新引擎。2023 年"三新"经济增加值相当于 GDP 的比重为 17.73%,比 2016 年提高 2.4 个百分点,新产业、新业态、新商业模式不断涌现,为经济发展注入新活力。

(二) 助力解决社会民生问题

科技创新在农业、医疗、环保等社会民生领域发挥重要作用。在农业方面,我国选育推广了一大批高产优质农作物新品种,粮食单产不断提高,保障了国家粮食安全。农业机械化、智能化水平不断提升,智慧农业、精准农业快速发展。在医疗领域,新药研发取得重要进展,一批国产创新药获批上市,高端医疗装备加速国产化,如国产 CT、磁共振成像设备等性能和质量不断提升,降低了医疗成本,提高了医疗服务水平。在环保领域,我国在大气污染防治、水污染治理、固废处理等方面取得显著成效,新能源汽车快速发展,有效减少了污染物排放,推动绿色发展。

(三) 提升国家综合实力和国际竞争力

科技创新提升了我国的国家综合实力和国际竞争力。在国际舞台上,我国凭借在 5G、高铁、航天等领域的技术优势,积极参与国际合作与竞争,推动"一带一路"科技创新合作,与沿线国家和地区在科技研发、成果转化、人才培

养等方面开展广泛合作。我国在国际标准制定中的话语权不断提升,在高铁、通信、新能源等领域主导或参与制定了一批国际标准,提升了我国在全球产业分工中的地位。世界知识产权组织(WIPO)发布的全球创新指数显示,我国创新能力综合排名从 2012 年的第 34 位跃升至 2023 年的第 12 位,是前30 位中唯一的中等收入经济体。

第二节　中国特色的科技大国建设

在当今全球科技竞争日益激烈的环境下,中国在迈向科技大国的进程中走出了一条特色鲜明的道路,诸多特点展现出中国在科技领域的智慧与力量。

一、从发展理念来看,秉持系统观念与协同思维

与部分西方国家侧重追求技术商业利益最大化有所不同,中国着眼于科技发展的整体布局。一方面,持续投入基础研究,科研人员扎根实验室,专注攻克理论难题,为科技创新筑牢根基;另一方面,在基础理论取得突破后,迅速联动各方力量,推动成果向实际生产转化,让科技服务于现实生活。此外,还注重民生科技的普及,力求让科技创新成果惠及广大民众,提升生活质量。各个环节紧密相连、协同推进,如同紧密咬合的齿轮,保障科技发展的顺畅运行。

以新能源汽车领域为例,能清晰看到这一理念的实践成效。政府从宏观层面统筹产业政策,精准投放扶持资金,助力关键环节发展,同时严谨制定行业标准,为产业营造良好发展环境;科研机构充分发挥专业优势,集结各方人才,合力攻克电池技术、自动驾驶算法等核心难题;企业凭借市场敏锐度与高效执行力,快速将科研成果产业化,使新能源汽车得以广泛推广;高校源源不断地输送专业对口的硕士、博士人才,为产业升级提供人才支撑。各方协同发力,促使中国新能源汽车产业不仅在国内蓬勃发展,在国际市场也崭露头角,这充分彰显了系统发展理念的优势。

二、在科研投入机制方面,政府发挥着集中力量办大事的优势

政府发挥主导作用,鉴于一些关键领域关乎国家战略安全与长远发展,即便面临短期经济压力,仍通过国家财政持续稳定地向战略性关键领域投入资金。回顾航天航空事业,从早期"东方红一号"卫星发射,到如今神舟系列载人飞船、嫦娥探月工程、"天问一号"火星探测等诸多成果,每一步重大突破背后都离不开国家财政的有力支持,确保这些项目稳步推进,不断探索宇宙奥秘。

同时,政府深知企业创新活力的重要性,出台系列税收优惠、研发补贴政策,激发企业创新动力。比如华为公司,每年高额投入研发,背后得益于国家政策激励,使其在 5G 通信等前沿领域积累大量自主知识产权,从基站设备研发到芯片技术攻关,从通信协议制定到终端应用拓展,构建起坚实的技术壁垒,成为全球 5G 领域领军企业之一。这种政府引导与企业主体相结合的投入模式,为科技创新提供了稳定资金保障。

三、在人才培养体系方面,呈现多元融合态势

一方面,高等教育治理体系严谨,为科研院所、高新技术企业输送大量专业人才。高校学生在导师指导下,系统学习专业知识,从基础学科积累逐步拓展至前沿交叉领域探索,为投身科研储备深厚理论功底。另一方面,职业教育重视实践技能培养,紧密结合产业需求,以市场需求为导向,培育大批能熟练操作先进设备、掌握新工艺的技术工人。

以高铁产业为例,高校科研团队依托深厚的学术积淀与科研实力,全力攻克高铁核心技术,如高速列车动力系统优化、运行控制系统智能升级等;职业院校则针对高铁生产制造、运维保障等环节,量身定制专业课程,通过校企合作、实习实训等模式,为一线培养熟练装配工人,确保高铁零部件高质量组装。二者相互配合,保障了高铁产业全链条人才需求,实现理论与实践人才

的有效衔接。

四、在国际科技合作方面，以开放共融的状态推动科技发展

在全球化背景下，中国深知科技无国界，积极融入世界科技发展潮流，与各国广泛开展交流合作。在国际热核聚变实验堆（ITER）计划等大型国际科研项目中，中国科研团队凭借自身科研实力贡献独特技术方案，助力攻克人类共同面临的能源难题；同时，虚心学习他国先进经验，在交流互动中提升自身科研水平。

此外，国内像深圳等经济特区，凭借良好创新生态与开放包容文化，吸引全球顶尖人才与知名企业汇聚。不同肤色、文化背景的人才在此交流协作，攻克前沿科技难题，汇聚全球智慧推动本土科技发展，展现出大国开放胸怀与担当，为中国科技发展注入新活力。

总之，中国凭借独特的发展理念、科研投入机制、人才培养体系以及开放合作姿态，在科技大国建设道路上稳步前行，向着世界科技强国目标不断迈进，持续书写人类科技发展新篇章。

第三节 科技大国建设的精神谱系

我国在迈向科技大国的非凡征程中，逐步形成了一套内涵丰富、极具感召力的精神谱系，它贯穿于科技发展的每一个关键节点，凝聚着一代又一代科技工作者的智慧与力量，为我国科技事业持续蓬勃发展注入源源不断的动力。

一、胸怀祖国、服务人民的爱国精神

中华人民共和国成立初期，面对西方国家的技术封锁与物资禁运，百废

待兴的中国急需依靠自身力量突破困境。"两弹一星"元勋们挺身而出,钱学森冲破美国重重阻挠,历经五年归国路,一心只为投身祖国航天事业,为我国导弹、航天事业奠定坚实基础;邓稼先隐姓埋名二十八年,扎根戈壁荒漠,在极端艰苦条件下潜心研究核武器,为铸就大国核盾牌奉献一生。他们将个人理想与国家命运紧密相连,以国家需求为导向,不计个人得失,只为实现中华民族的科技自立自强,让人民在强大国力庇佑下安居乐业。这种爱国情怀代代传承,激励着后来的科技工作者在面对芯片制裁、高端装备技术瓶颈等难题时,依然坚守初心,为攻克关键核心技术奋勇拼搏,守护祖国科技前沿阵地。

二、勇攀高峰、敢为人先的创新精神

科技创新永无止境,我国科研人员始终秉持着突破创新的勇气。在高铁领域,当全球铁路技术发展相对缓慢、传统思维局限于既有模式时,我国科研团队大胆创新,研发出拥有自主知识产权的高速动车组列车。从无砟轨道技术打破国外垄断,到列车运行控制系统的自主研发,他们攻克一系列关键技术难题,使我国高铁以速度快、安全性高、舒适性强等优势成为世界标杆,运营里程稳居世界第一,实现了从"追赶者"到"引领者"的华丽转身。在5G通信技术研发中,科研人员提前布局,敢于挑战传统通信架构,提出全新的毫米波通信、大规模 MIMO 等技术方案,推动我国5G标准制定与产业发展走在世界前列,开启万物互联的智能时代新篇章,为数字经济腾飞插上翅膀。

三、追求真理、严谨治学的求实精神

科学研究来不得半点马虎,我国科研工作者在各个领域都严守求实底线。在基础科学研究方面,如量子科学领域,潘建伟团队致力于量子通信与量子计算研究。为确保实验数据的准确性与可靠性,他们对每一个实验环节反复推敲,从量子光源制备的精细工艺,到量子比特操控的精准度提升,再到长距离量子信道的稳定性保障,历经无数次失败仍不放弃,对每一个微小误差都追根溯源，直至取得突破性成果。在航空航天工程中，嫦娥探月工程的每一步实施，从月球探测器的设计制造，到发射轨道的精密计算，再到月球表面探测任务的规划执行，科研人员都严格遵循科学规律，以严谨态度对待海量数据，通过精确分析确保任务顺利推进，让我国月球探测成就斐然，不断拓展人类对月球的认知边界。

四、淡泊名利、潜心研究的奉献精神

众多科研人员远离喧嚣，甘坐"冷板凳"。在杂交水稻研究领域，袁隆平院士一生致力于解决全球粮食问题，几十年如一日穿梭于田间地头，头顶烈日，脚踩泥土，不顾年岁已高，依然亲力亲为开展水稻种植实验。他拒绝商业炒作，将科研成果无私分享给世界，只为实现"把饭碗掌握在中国人自己手上"的朴实梦想。在青藏高原的科研站，一批又一批科学家耐住高寒缺氧的艰苦环境，潜心研究高原生态、气候变化等课题，他们克服身体不适，扎根数年采集样本、记录数据，为保护高原生态、应对全球气候变化提供关键科学依据，却很少在公众视野中露面邀功，默默为科学事业添砖加瓦。

五、集智攻关、团结协作的协同精神

现代科技日益复杂，跨学科、跨领域合作成为常态。在"天问一号"火星探测任务中，涉及天文学、空间物理学、材料学、电子工程等众多学科。国家航天局统筹协调，航天科技集团、中国科学院等科研机构发挥各自专长，高校输送专业人才助力技术研发，各地企业参与零部件生产与技术配套。探测器研制团队攻克火星车自主导航、能源供应等难题；测控团队搭建全球测控网，确保信号稳定传输；地面应用团队提前筹备数据接收与科学研究规划。各方紧密配合，如同精密齿轮咬合运转，历经多年努力，实现我国首次火星探测"绕、着、巡"圆满成功，迈出我国星际探测坚实一步。在新冠疫情防控期间，医学科研团队、药企、大数据专家等迅速集结，跨领域合作研发疫苗、药物，利用大数据追踪疫情传播，仅用一年多时间便成功研发多款新冠疫苗，为全球抗疫贡献中国力量,彰显协同作战的强大效能。

六、甘为人梯、奖掖后学的育人精神

老一辈科学家深知人才传承的重要性。钱三强作为我国核物理奠基人之一,不仅自身科研成就卓越,还十分注重培养后辈人才。在艰苦创业年代,他广纳贤才,为年轻科研人员创造学习成长机会,许多后来的核物理骨干都受其指导与提携。黄大年教授放弃国外优厚待遇回国后,全身心投入教学科研一线,他带领团队攻坚克难,同时言传身教,将自己的知识与国际前沿科研经验毫无保留地传授给学生,培养出一批地质勘探领域的青年才俊,为我国深部探测技术发展注入新生力量。如今,在各大高校、科研院所,导师们悉心指导学生参与科研项目,从选题立项、实验设计到论文撰写,全方位助力青年成长,确保科技人才队伍薪火相传,为我国科技事业长远发展筑牢根基。

我国科技大国建设的精神谱系,如一座闪耀的灯塔,照亮着科技发展的前行道路,推动我国科技事业在新时代浪潮中乘风破浪,向着世界科技强国的宏伟目标稳步迈进。

第四节　科技大国建设的宝贵经验

一、高瞻远瞩的战略规划与政策扶持

国家层面的战略规划为科技发展提供了清晰的路线图。从中华人民共和国成立初期制定的"十二年科技规划",到如今面向 2035 年的中长期科技规划,每一个阶段的战略布局都紧密结合国家发展需求与国际科技形势。例如,在人工智能领域,我国早在"十三五"规划中就将其列为战略性新兴产业重点发展方向,这一前瞻性规划促使大量科研力量、资金资源向该领域汇聚,推动我国在人工智能算法研究、应用开发等方面迅速崛起，深度求索的Deepseek、百度的"文心一言"等大语言模型便是在这一战略指引下不断发展创新，在自然语言处理、智能交互等方面取得显著成果，助力我国在全球人工智能竞争中占据一席之地。

政策扶持是激发科技创新活力的有力保障。政府通过税收优惠、财政补贴、科研项目资助等多种政策工具，为科技创新营造良好环境。对高新技术企业实施的15%企业所得税优惠税率，极大地减轻了企业负担，鼓励企业加大研发投入；国家自然科学基金、国家重点研发计划等项目资助，为科研人员提供了稳定的科研经费支持，使他们能够专注于前沿科学研究。以新能源汽车产业为例，政府的购车补贴、研发补贴等政策，吸引了大量企业投身其中，小米、比亚迪、蔚来等企业借助政策东风，在电池技术、自动驾驶技术等方面取得突破，推动我国新能源汽车产业实现跨越式发展，产销量连续多年位居全球第一。

二、坚定不移地强化基础研究投入

基础研究是科技创新的源头活水，我国始终将其视为科技发展的重中之重。近年来，国家持续加大基础研究经费投入，基础研究经费占全社会研发经费的比重稳步提升，从2012年的4.8%提高到2023年的6.65%。在量子科学领域，我国科研团队在长期的基础研究投入下，取得了一系列举世瞩目的成果。中国科学技术大学潘建伟团队成功构建了具有76个光子的"九章"量子计算机，实现了量子计算优越性的里程碑式突破，使我国在量子计算领域跃居世界前列，为未来的密码学、金融计算等领域带来了变革性的可能。

同时，我国积极完善基础研究投入机制，形成了政府主导、多元化投入的格局。除了中央财政加大投入力度外，地方政府也纷纷设立基础研究专项资金，鼓励企业、社会组织和个人参与基础研究。华为公司在5G通信技术研发过程中，投入大量资金开展基础研究，与高校、科研机构合作，共同攻克了毫米波通信、大规模MIMO等关键技术难题，为我国5G技术领先全球奠定了坚实基础。

三、全方位的人才培养与引进机制

人才是科技创新的核心要素,我国构建了全方位、多层次的人才培养与引进体系。

全方位多层次的人才培养体系。夯实基础教育根基。我国始终高度重视基础教育,将其视为人才成长的摇篮。持续加大对基础教育的投入,改善办学条件,确保全国各地的孩子都能享受到相对公平的教育资源。从普及九年制义务教育到推进素质教育,注重培育学生的综合素养,不仅强化语文、数学、外语等基础学科知识,还通过科学、艺术、体育等课程激发学生的兴趣爱好与创新思维,为后续的专业人才培养奠定广泛而坚实的知识基础。例如,各地中小学开展丰富多彩的科技节、文化节活动,鼓励学生动手实践、发挥创意,许多科技创新苗子由此崭露头角。优化高等教育布局。高等教育作为人才培养的关键环节,我国不断优化学科专业布局以适应时代发展需求。一方面,加强理工科等应用型学科建设,针对国家战略新兴产业如人工智能、新能源、生物医药等领域,高校纷纷增设相关专业,并配备一流的师资队伍、实验设备,培养出大批掌握前沿技术的专业人才。以清华大学为例,其在芯片研发相关专业上持续发力,为我国半导体产业输送众多高端人才。另一方面,人文社科领域也蓬勃发展,为社会治理、文化传承创新等提供智力支持,北京大学在哲学、历史等学科的深厚积淀,孕育出诸多具有国际视野的学术大家。强化职业教育赋能。职业教育在我国人才培养体系中有着不可或缺的地位,它紧密对接产业需求,为各行各业输送大量技能型人才。通过校企合作模式,职业院校与企业共同制定人才培养方案,依据企业岗位技能要求开设课程,实现学生"毕业即就业"的无缝对接。如一些汽车职业院校与知名车企合作,学生在校期间不仅学习汽车制造、维修理论知识,还直接参与企业生产实践,毕业后迅速成长为企业生产线上的技术骨干,有效填补了制造业对高技能人才的需求缺口。

富有吸引力的人才引进政策。精准靶向海外高层次人才。为弥补国内部分前沿领域人才短板,我国出台了一系列针对海外高层次人才的引进政策。各地的"海外人才计划"如雨后春笋般涌现，为海外精英提供优厚的科研启动资金、舒适的生活待遇，以及广阔的职业发展空间。例如，上海的"浦江人才计划"吸引了大量海外生物医药专家回国创业，他们带回国际先进的药物研发技术与理念，加速了我国创新药研发进程，提升了相关产业在国际上的竞争力。同时，各地简化人才引进手续，开辟绿色通道，让人才能够快速融入国内科研、工作环境，安心施展才华。广纳全球青年人才。青年人才是未来发展的希望，我国积极面向全球招揽青年才俊。许多高校、科研机构设立国际青年学者论坛，为海外青年学者提供了解中国科研环境、学术氛围的平台，通过学术交流、合作洽谈，吸引他们加盟。此外，针对留学归国青年人才，各地给予就业创业扶持，如创业园区提供免费办公场地、创业辅导等，鼓励他们将海外所学转化为国内创新创业动力，为各领域注入新鲜血液，像深圳的一些科技创业园区就成为海外留学青年回国逐梦的热土。

营造良好人才发展生态。提供充足科研资源支持。为了让人才充分施展拳脚，我国持续加大对科研投入，各类科研项目资助体系日益完善。国家自然科学基金、国家重点研发计划等为科研人员提供稳定的经费保障，无论是基础研究领域探索未知奥秘，还是应用技术研发攻克产业难题，人才都能获得相应资金支持。同时，大型科研基础设施不断建设并开放共享，如 500 米口径球面射电望远镜（FAST），为天文学等相关领域人才提供世界一流的观测研究条件，助力他们产出顶尖科研成果。搭建广阔学术交流平台。鼓励人才之间的交流合作，我国积极举办各类高水平学术会议、学术论坛。国内学者足不出户就能与全球顶尖同行切磋技艺，分享最新研究成果，拓宽学术视野。例如，每年在我国举办的世界人工智能大会，吸引全球人工智能领域精英汇聚，为我国人才与国际接轨创造契机，在思想碰撞中催生新的科研灵感与合作项目，推动人才在交流中成长、在合作中进步。

四、企业主导的产学研深度融合

政府引导与政策推动。政府在产学研深度融合进程中扮演着不可或缺的引领角色。一方面，通过制定战略规划，明确各阶段产学研合作的重点方向。如《国家中长期科学和技术发展规划（2006—2035）》对新兴技术领域产学研协同创新提出了具体布局，引导高校、科研机构与企业围绕人工智能、生物医药等前沿领域开展深度合作，避免资源分散，使各方力量形成合力攻坚之势。另一方面，出台一系列扶持政策。财政补贴政策直接助力产学研合作项目落地，对联合研发的关键技术攻关项目给予资金支持，降低合作成本与风险。税收优惠政策激励企业积极参与，企业投入产学研合作的研发费用可享受加计扣除，促使更多企业打开合作大门，像华为与高校联合开展 5G 技术拓展研究，就受益于此政策，得以持续投入大量资源。同时，政府搭建产学研交流对接平台，定期举办科技成果转化洽谈会、产业技术创新联盟峰会等活动，打破信息壁垒，让高校、科研院所的科研成果与企业需求精准匹配，为合作牵线搭桥。

建立协同创新机制。构建有效的协同创新机制是产学研深度融合的核心。在组织架构上，成立产业技术创新联盟，由行业骨干企业牵头，联合上下游企业、高校、科研机构，以市场需求为导向共同制订技术研发路线图。例如，在新能源汽车产业，宁德时代等领军企业联合清华大学、中科院电工所等，针对电池续航提升、快充技术突破等关键问题组建联盟，整合各方优势资源，实现从基础研究到产品应用的快速转化。在利益分配机制上，遵循公平合理、风险共担原则。依据各方投入的人力、物力、财力以及知识产权贡献等要素，协商确定成果收益分配比例，确保合作成员劳有所得，避免因利益纷争影响合作进程。同时，建立风险分担机制，当联合研发项目遭遇技术瓶颈、市场变动等风险时，合作成员按约定比例共同承担损失，增强合作韧性，保障产学研合作能在曲折中持续推进。

强化人才交流与培养。人才是产学研深度融合的纽带与活力源泉。一方面，促进人才双向流动。鼓励高校、科研机构的科研人员到企业兼职，带着前沿技术深入生产一线，帮助企业解决实际技术难题，同时了解市场最新需求反哺科研。例如某高校教授挂职于一家制药企业，助力其优化药物合成工艺，提高生产效率，回校后又调整科研方向，使科研更贴合产业实际。企业技术人才也走进高校课堂、实验室，参与课程教学、科研项目，将实践经验传授给师生，提升高校人才培养的实用性。另一方面，联合培养创新型人才。高校与企业共建人才培养基地，根据产业需求定制化设计课程体系，学生在学习理论知识的同时，能深入企业实习实训，毕业后即具备较强的岗位适应能力与创新能力。如一些工科院校与机械制造企业合办"智能制造班"，培养出大批既懂先进制造理论又能熟练操作智能设备的复合型人才，为产业发展持续输送新鲜血液。

聚焦产业需求导向。产学研深度融合始终紧扣产业发展需求。科研选题从源头把关，高校、科研机构深入调研产业痛点，将科研力量精准投入到解决制约产业升级的关键技术问题上。在半导体产业面临国外技术封锁、高端芯片短缺困境时，中科院微电子所等科研力量迅速聚焦国产芯片研发，联合中芯国际等企业攻克光刻工艺、芯片设计等核心难题，助力我国半导体产业逐步实现自主可控。产品转化环节，建立紧密的产业化链条。企业提前介入科研过程，从研发设计阶段就依据市场需求、成本控制等因素提出建议，确保科研成果具备商业化可行性。科研机构与企业共建中试基地，对实验室成果进行放大试验、工艺优化，使其顺利迈过从样机到量产的鸿沟，加速科技成果向现实生产力转化，让产学研合作真正落地生根，开花结果。

五、建设充满活力的创新生态

高校与科研机构创新引擎作用凸显。高校和科研机构是基础研究与前沿技术突破的摇篮。国家加大对高校科研经费投入，支持顶尖学府建设前沿科学中心，如北京大学的前沿交叉学科研究院，汇聚多学科人才攻克量子材料等难题。科研机构则聚焦国家战略需求，中科院在航空航天、深海探测领域成果斐然，"天问一号"探测器、"奋斗者"号载人潜水器背后都有中科院科研团队身影，其成果转化又反哺产业发展。

创新联合体促进协同创新。为打破创新主体间壁垒，我国积极推动组建创新联合体。行业领军企业牵头，联合上下游企业、高校、科研机构，围绕产业关键共性技术协同攻关。在新能源汽车电池回收利用领域，宁德时代联合高校、上下游企业成立创新联合体，整合各方优势，攻克电池拆解、材料回收等难题，实现资源循环利用，提升产业整体竞争力。

营造包容开放的创新文化氛围。树立鼓励冒险、宽容失败的社会风尚。在全社会倡导勇于尝试、不惧失败的创新理念。各地举办创新创业大赛,对参赛项目不仅奖励成功案例,还对虽失败但展现创新精神的团队给予鼓励,让创业者放下包袱。深圳作为创新创业热土,许多初创企业在政策包容下,大胆探索新兴商业模式、前沿技术应用,即便遭遇挫折也能迅速调整,孕育出大疆无人机等全球知名创新品牌。厚植跨领域交流与合作的文化土壤。搭建多元交流平台,促进不同行业、学科人才互动。各类科技产业园区、众创空间举办的沙龙、论坛,吸引科学家、工程师、艺术家、企业家汇聚,催生跨界创新灵感。例如,数字艺术领域的兴起,源于计算机技术人员与艺术家在创意园区交流合作,创造出虚拟现实艺术展览、互动式数字雕塑等全新艺术形式,拓展了创新边界。

六、开展广泛深入的国际合作

(一) 秉持开放包容理念,搭建多元合作平台

积极融入国际大科学计划。我国以开放姿态参与到如国际热核聚变实验堆(ITER)计划、平方公里阵列射电望远镜(SKA)项目等一系列国际大科学计划中。在 ITER 计划里,我国科研团队充分发挥自身优势,承担了关键部件的研发与制造任务,与来自全球 30 多个国家的科研力量携手共进。一方面,我国投入大量资金、人力和物力,为项目的推进注入中国动力。另一方面,我国在合作过程中学习吸收国际前沿核聚变技术,促进国内相关领域人才培养与技术升级。通过深度参与,我国从国际科技合作的参与者逐渐成长为重要贡献者,提升全球核聚变研究领域的话语权。

构建双边与多边科技合作机制。在政府层面,我国与众多国家签订了双边科技合作协定,涵盖美国、欧盟、日本等科技强国以及"一带一路"沿线诸多国家和地区。依据协定,定期举办科技合作联委会会议,确定双方在能源、环境、生物医药等重点领域的合作项目。例如,与法国在航空航天领域开展联合研发,中法两国科研机构、企业共同攻关民用飞机发动机关键技术,实现资

源共享、优势互补，加速技术突破进程；同时，我国积极推动多边科技合作，在亚太经合组织（APEC）、金砖国家等框架下，发起科技创新倡议，组织科技交流活动，促进区域内科技资源流动与协同创新，为解决地区性科技难题提供合力。

（二）结合自身优势，实现互利共赢合作模式

以优势技术"走出去"带动合作。我国在高铁、5G通信、新能源等领域积累了领先技术，以此为依托开启国际科技合作新篇章。以高铁为例，中国中车集团有限公司（简称"中国中车集团"）向全球输出高铁技术与成套装备，在印尼雅万高铁项目中，不仅提供先进的列车制造技术，还派遣技术团队协助当地建设高铁基础设施、培训运维人员。这样通过技术转让、联合生产等方式，既帮助印尼提升交通基础设施水平，实现经济发展新跨越，又让我国高铁技术在海外落地生根，拓展国际市场，赚取外汇收益，同时促进双方在轨道交通前沿技术研发上持续合作，实现多赢局面。

引进急需技术，填补短板。深知自身技术短板所在，我国有针对性地从国外引进关键技术。在半导体制造领域，由于起步较晚，与国际先进水平存在差距，我国企业通过与国外半导体巨头合资建厂、购买技术许可等方式，引入高端芯片制造工艺、光刻设备技术等。同时，国内科研机构加强与国外顶尖科研团队合作，学习先进的半导体材料研发、芯片设计理念，逐步缩小差距，在消化吸收引进技术的基础上，加大自主研发投入，力求实现半导体产业自主可控，保障国家信息安全。

（三）强化人才交流，夯实国际合作根基

选派人才"出海"取经。国家设立各类公派留学项目，选拔优秀科研人员、高校学生赴科技发达国家深造。这些人才深入国外顶尖实验室、高校科研团队，参与前沿科研项目，学习国际先进科研方法、管理经验。例如，许多生物学领域的博士生被派往美国冷泉港实验室，在诺贝尔奖得主的指导下从事基因编辑等前沿研究，将所学知识与技术带回国内，推动国内相关领域科研水平提升，同时他们还搭建起与国外导师、同行长期合作的桥梁，促进国际

学术交流与合作项目开展。

吸引国际人才"来华"共建。 出台优厚人才引进政策,吸引全球高端人才汇聚中国。各地的"海外人才计划"为外国专家提供科研启动资金、舒适生活待遇以及广阔职业发展空间。如上海的"浦江人才计划"吸引了大量来自美国硅谷的人工智能专家,他们加入中国科技企业、高校科研团队,带来国际领先的算法模型、大数据处理技术,与国内人才协同创新,助力我国人工智能产业"弯道超车",在国际竞争中抢占先机,同时也为我国培养了一批本土高端人才,提升人才队伍国际化水平。

(四)应对挑战,建立风险防控与协调机制

技术安全风险防控。 随着国际科技竞争加剧,技术封锁、知识产权纠纷等风险日益凸显。我国加强技术进出口管制,建立技术安全审查机制,在引进国外技术时,对涉及国家安全、敏感领域的技术进行严格审查,防止技术陷阱。同时,我国加大自主研发力度,降低对国外关键技术的依赖,以应对可能的技术断供风险。在5G通信技术发展过程中,面对部分国家的技术封锁,我国企业依靠自身研发力量,突破芯片、操作系统等核心技术瓶颈,确保5G产业安全稳定发展,维护国家科技主权。

国际合作协调管理。 在复杂多变的国际形势下,国际科技合作面临诸多不确定性,如政策变动、地缘政治冲突等。我国建立了高效的国际科技合作协调机制,由科技部等相关部门牵头,联合外交部、商务部等,对跨国科技合作项目进行统筹协调。当遇到合作受阻问题时,各部门协同发力,通过外交沟通、政策调整等手段化解危机,保障合作项目顺利推进。例如,在某国际联合航天项目中,因发射地所在国国内局势动荡,项目面临延期风险,我国相关部门迅速启动协调机制,一方面与该国政府紧急磋商,争取政策支持;另一方面调整发射计划与物资调配方案,最终确保项目按时完成,维护了我国国际科技合作信誉。

我国广泛开展国际科技合作所积累的经验,相互支撑、协同发力,正助力我国在国际科技舞台上不断书写科技创新发展的新篇章,向着构建人类命运共同体的科技未来奋勇前行。

第二章
新质生产力与科技创新体系建设

第一节　新质生产力的科技创新属性

新质生产力是马克思主义生产力理论的创新和发展,以高科技、高效能、高质量为特征,符合新发展理念的先进生产力质态。在这一先进生产力质态中,科技创新扮演着至关重要的角色。

一、科技创新是新质生产力发展的核心要素

科技创新能够催生新产业、新模式、新动能,是推动新质生产力发展的关键力量。现代科学技术的快速发展,特别是人工智能、量子信息、基因技术、新能源等前沿科技的突破,成为引领产业变革的重要力量。这些科技创新不仅提高了生产力水平,还引发了产业结构的深刻变革,推动了经济社会的持续发展。

驱动产业变革,即催生新兴产业和重塑传统产业。科技创新能够创造出全新的技术和产品,从而催生出前所未有的新兴产业。人工智能技术的发展催生了智能安防、智能医疗、智能驾驶等新兴产业。这些产业以科技创新为基石,为经济增长注入了新的动力。科技创新也为传统产业带来了转型升级的机遇。通过引入新技术、新设备和新工艺,传统产业能够提高生产效率、降

低成本、提升产品质量,实现从低附加值向高附加值的转变。制造业通过数字化、智能化改造,实现了生产过程的自动化和智能化,提高了生产效率和产品质量。

提高生产效率,优化生产流程。科技创新可以帮助企业优化生产流程,实现生产过程的自动化、智能化和信息化。工业互联网技术的应用使得企业能够实现设备之间的互联互通,通过数据分析和优化算法,对生产流程进行实时监控和调整,提高生产效率和产品质量。提升资源利用效率。科技创新能够推动资源的高效利用,降低资源消耗和浪费。新能源技术的发展使得太阳能、风能等清洁能源得到广泛应用,减少了对传统化石能源的依赖,提高了能源利用效率。同时,循环经济技术的应用也使得资源能够得到循环利用,减少了资源的浪费。

增强经济竞争力。提升产品竞争力。在市场竞争中,科技创新能够使企业推出具有更高性能、更低成本、更好体验的产品和服务,从而赢得市场份额。例如,苹果公司通过不断的科技创新,推出了具有创新性的 iPhone 系列产品,在全球智能手机市场中占据了重要地位。促进经济结构优化。科技创新能够推动产业结构向高端化、智能化、绿色化方向发展,提高经济发展的质量和效益。例如,中国近年来大力发展战略性新兴产业,推动了经济结构的优化升级,提高了经济的整体竞争力。

二、科技创新推动新质生产力的高效能发展

新质生产力的高效能依赖于科技创新在生产流通过程中的不断渗透和应用。企业通过引入新技术、新工艺和新设备,可以提高生产效率,实现全要素生产率的大幅提升。同时,科技创新还有助于优化资源配置,降低生产成本,提高经济效益。这种高效能的生产方式符合绿色发展的要求,有助于推动形成经济增长与生态保护协同并进的绿色发展格局。

推动技术迭代升级。加速技术更新,科技创新不断为新质生产力引入新技术、新理念,使技术更新换代的周期大幅缩短。在通信领域,从 1G 到 5G,每一次的技术变革都源于科技创新,5G 技术在传输速度、网络延迟和设备连

接数等方面相较前代实现了质的飞跃，为智能交通、工业互联网和远程医疗等领域提供了强大的技术支撑，极大地提升了相关产业的生产效能。催生前沿技术，人工智能、量子计算、基因编辑等前沿技术在科技创新的驱动下不断取得突破。以人工智能为例，深度学习算法的不断优化，使其在图像识别、语音交互、数据分析等方面的能力迅速提升，广泛应用于金融风险预测、医疗影像诊断、智能客服等场景，提高了工作效率和精准度，为各行业带来了新的发展机遇和效能提升。

促进产业融合发展。推动产业跨界合作，科技创新打破了传统产业间的界限，促进了不同产业的融合。互联网与农业的融合催生了电商农业模式，通过线上销售平台和物联网技术，实现了农产品的精准种植、高效流通和品牌化营销，提升农业生产的附加值和整体效能；制造业与服务业的融合，产生服务型制造模式，企业不仅提供产品，还提供基于产品的增值服务，拓展产业边界，提高产业竞争力。构建产业新生态，科技创新为新质生产力构建了全新的产业生态。新能源汽车产业的电池技术创新是核心驱动力，带动了充电桩、换电站等基础设施建设，以及电池回收、智能驾驶软件等相关产业的发展，形成了一个庞大的产业生态系统，各环节协同发展，提升了整个产业的运行效率和创新能力。

优化资源配置效率。精准资源匹配，借助大数据、云计算等科技创新手段，能够实现资源的精准匹配和高效利用。在供应链管理中，通过数据分析可以准确预测市场需求，合理调配原材料采购、生产计划和物流配送，减少库存积压和资源浪费，提高资源的周转效率和企业的经济效益。推动资源共享，共享经济模式是科技创新优化资源配置的典型案例。共享单车、共享汽车、共享办公空间等平台利用互联网技术，将闲置资源与有需求的用户进行对接，提高资源的利用效率，降低社会成本，同时也为用户提供了更加便捷、灵活的服务体验，推动新质生产力在资源配置方面的高效能发展。

三、科技创新引领新质生产力的未来方向

科技创新引领技术创新的方向。人工智能与机器学习日益深化。未来，

人工智能将在深度学习的基础上,向更高级的认知智能发展,具备更强的理解、推理和创造能力。比如医疗领域,人工智能不仅能辅助诊断疾病,还可能参与制定个性化的治疗方案;在工业生产中,能实现更复杂的生产流程优化和质量控制。量子计算、量子通信等量子技术不断取得进展。量子计算有望实现计算能力的指数级提升,为解决复杂的科学问题、密码学以及金融风险分析等提供强大的计算支持;量子通信则将构建更安全、高效的通信网络,保障国家信息安全和通信稳定。生物技术的革新,基因编辑技术将更加成熟,可用于治疗更多的遗传性疾病,甚至实现对人类基因的定向优化。合成生物学也将取得更大突破,能够设计和构建具有特定功能的生物系统,用于生产药物、生物能源等。随着对环境保护和可持续发展的重视,太阳能、风能、水能等可再生能源技术将不断改进,提高能源转化效率和稳定性。同时,氢能、核能等新能源技术也将取得新的突破,为全球能源供应提供更清洁、更高效的解决方案。

科技创新支撑产业发展趋势。智能制造的升级,制造业将进一步与人工智能、大数据、物联网等技术融合,实现生产过程的高度自动化、智能化和柔性化。通过智能工厂的建设,企业能够根据市场需求实时调整生产计划和生产流程,提高生产效率和产品质量,降低生产成本。以数据为核心生产要素的数字经济将蓬勃发展,催生更多的新业态、新模式。如元宇宙概念的兴起,将融合虚拟现实、增强现实、区块链等技术,为人们创造一个全新的数字世界,带来全新的社交、娱乐和工作体验。在环保政策的推动下,科技创新将助力绿色产业快速发展。如绿色建筑技术将实现建筑的节能减排和资源循环利用;环保材料研发将推动传统材料产业向绿色化转型,减少对环境的污染。科技创新将为健康产业带来更多的创新成果。远程医疗、智能医疗设备、个性化医疗等将成为未来医疗的重要发展方向,提高医疗服务的可及性和精准性。同时,健康管理、养老服务等领域也将借助科技手段实现升级,满足人们日益增长的健康需求。

科技创新对社会发展影响深远。科技创新将使人们的生活更加便捷、舒适和安全。智能家居系统将实现家庭设备的全面智能化控制,智能交通系统将缓解交通拥堵,提高出行效率。同时,科技创新还将为人们提供更多的文化娱乐选择，丰富人们的精神生活。科技创新有望缩小不同地区、不同群体之间的发展差距。如远程医疗和远程教育技术能够将优质的医疗和教育资源输送到偏远地区，让更多的人受益。此外，科技创新还能为弱势群体提供更多的帮助和支持，促进社会公平。科技创新是实现可持续发展的关键。这样通过研发和应用环保技术、资源循环利用技术等，减少人类活动对环境的影响，实现经济、社会和环境的协调发展。

四、制度创新保障科技创新属性

营造创新环境。政府通过制定和实施一系列鼓励科技创新的政策，如税收优惠、财政补贴、科研项目资助等，为科技创新提供有力的政策支持。我国的高新技术企业所得税优惠政策，以及对科技型中小企业的研发费用加计扣除政策，都有效激发了企业的创新活力。完善的知识产权保护制度是保障科技创新成果的关键。通过专利法、商标法、著作权法等法律法规，对科技创新成果进行严格保护，防止侵权行为，确保创新者能够获得应有的经济回报和社会认可。

优化资源配置。科技金融制度创新，建立健全科技金融体系，通过风险投资、科技信贷、资本市场等多种金融工具，为科技创新提供多元化的资金支持；通过设立科技产业基金、风险投资引导基金等，吸引社会资本投入科技创新领域。科创板的设立为科技创新企业提供了直接融资的重要平台，促进了科技与资本的深度融合，推动了科技创新企业的快速发展。创新人才培养和引进机制，加强高校、科研机构与企业之间的人才合作与交流，建立灵活的人才流动机制，打破人才流动的体制机制障碍，促进人才在不同领域、不同地区之间的合理流动。一些地区实施的人才绿卡制度，为高层次人才提供住房、子女教育、医疗等方面的优惠政策，吸引了大量优秀人才投身当地的科技创新事业。

促进协同创新。建立健全产学研合作制度，鼓励高校、科研机构与企业之间开展深度合作，实现优势互补、资源共享。这样通过共建研发平台、联合开展科研项目、人才培养等方式，加速科技成果转化和产业化。国家支持企业、高校、科研机构等组建创新联盟和合作网络,加强行业内的技术交流与合作,共同攻克关键技术难题,推动产业技术创新。

完善监管与评估。建立科学合理的科技监管制度,对科技创新活动进行规范和引导,确保科技创新在安全、合法、伦理的轨道上进行。在基因编辑、人工智能等新兴技术领域,国家加强伦理审查和安全监管,防止技术滥用带来的风险。构建科学的科技创新评估体系,改变以往单纯以论文、专利数量为导向的评估方式,更加注重科技创新的质量、效益和对经济社会发展的贡献。采用多元化的评估指标,包括科技成果转化情况、技术创新对产业升级的推动作用、创新团队的人才培养成效等,引导科技创新资源向高质量创新项目倾斜。

五、科技创新促进绿色低碳发展

新质生产力的科技创新属性还体现在其对绿色低碳发展的促进作用上。随着全球气候变化的日益严峻,绿色低碳发展成为全球共识。科技创新在这一过程中发挥了重要作用。企业通过研发清洁能源技术、节能减排技术等,可以减少对化石能源的依赖,降低碳排放量,实现经济的可持续发展。同时,科技创新还有助于推动循环经济的发展。企业通过技术创新,可以实现废弃物的资源化利用和无害化处理,提高资源利用效率,减少环境污染。这有助于构建资源节约型和环境友好型社会,实现人与自然的和谐共生。

第二节　加快构建新型国家创新体系

在当今全球经济格局深度调整、科技革命迅猛推进的时代背景下,培育和发展新质生产力已成为推动国家高质量发展、抢占未来竞争制高点的核心任务。构建与之相适配的新型国家创新体系,则是为这一宏伟目标筑牢根基、提供持续动力的关键之举。二者紧密关联、协同共进,共同勾勒出国家创新驱动发展的崭新蓝图。

一、加强战略引领：高瞻远瞩，精准锚定航向

深度洞察全球趋势与国情需求，组建跨领域、跨学科的专家团队，运用大数据分析、情景模拟等前沿方法，全方位扫描全球产业动态，精准捕捉如量子科技、脑机接口、合成生物学、氢能等前沿技术突破引发的产业变革先机。同时，立足国内资源禀赋、产业基础与社会发展需求，审慎筛选出契合国家长期战略且有望快速形成竞争优势的新质生产力培育领域，确保资源精准投放。

制定系统连贯的创新战略规划。以选定的重点领域为核心，制定为期10—20年的长期战略规划，明确各阶段发展目标、关键任务与标志性成果。在此基础上，细化分解为3—5年的中期行动计划与年度执行方案，确保战略落地有声。规划编制过程中，强化政府、产业界、学术界、金融界等多方协同，形成政策链、产业链、创新链、资金链相互支撑的有机整体，为新质生产力持续发展提供连贯指引。

二、强化基础研究：厚植根基，孕育源头创新

加大基础研究经费投入与优化配置。政府持续增加财政拨款，确保基础研究经费年增速不低于GDP增速的一定比例。设立专项基金，聚焦新质生产力相关颠覆性基础研究课题，采用"揭榜挂帅""赛马制"等竞争性资助机制，激发科研团队创新活力。同时，引导企业将不少于一定比例的研发经费投向基础研究，鼓励其与高校、科研院所联合共建基础研究实验室，实现产学研深度融合下的经费高效利用。

汇聚与培育顶尖基础研究人才。实施"基础研究人才领航计划"，面向全球重金招揽1 000名左右在新质生产力关键领域有卓越建树的资深科学家与领军人才，给予优厚待遇、充足科研资源与宽松学术环境。在国内，优化高校基础学科招生选拔机制，选拔具有创新潜质的优秀生源，强化"本—硕—博"贯通式培养，设立基础研究专项奖学金、博士后创新岗位等，为本土人才成长搭建阶梯，打造一支规模宏大、素质过硬的基础研究人才梯队。

建设世界一流的基础研究设施集群。统筹布局,集中力量打造若干集超算中心、量子实验室、生物样本库等先进设施于一身的"国家基础研究创新高地"。这些高地不仅配备顶尖硬件,更注重构建开放共享、协同创新的运行机制,吸引全球科研团队入驻,成为基础研究成果竞相涌现的"策源地",为新质生产力的萌发提供肥沃土壤。

三、创新主体锻造：多元协同,激活创新引擎

壮大企业创新主体方阵。完善企业创新激励政策体系,对投身新质生产力培育的企业,依研发投入强度、创新成果质量等指标给予梯度税收减免、研发补贴翻倍、首购首用补贴等扶持。国家设立"企业创新能力提升专项",资助龙头企业创建国家级企业技术中心、工程研究中心,牵头组建产业技术创新战略联盟,攻克产业"卡脖子"共性技术;同时,借助"科技型中小企业成长计划",通过创业辅导、天使投资引导、普惠性贷款贴息等举措,助推中小企业在细分领域崭露头角,形成大中小企业融通创新格局。

赋能高校和科研院所创新活力。推动高校、科研院所内部治理结构改革,以创新成果转化、服务产业发展成效为关键指标重构科研评价体系,打破"唯论文、唯职称、唯学历、唯奖项"桎梏。搭建跨院校、跨机构的"新质生产力协同创新网络",整合多学科资源,共建联合研发中心、前沿技术研究院等实体机构,聚焦新质生产力复杂问题协同攻关。加强高校技术转移机构专业化建设,培养一批懂技术、会运营、善管理的技术转移人才,提升科技成果商业化转化率,实现知识创新端与产业应用端的高效对接。

四、优化创新生态：涵养沃土,护航创新远航

畅通科技成果转化高速通道。修订完善科技成果转化法律法规,细化知识产权归属、利益分配、风险承担等关键条款,保障各方合法权益。构建"线上＋线下"一体化科技成果转化服务平台,线上集成技术需求发布、成果展示、交易撮合等功能,线下汇聚技术评估、专利运营、法律咨询、融资担保等专

业服务机构，为成果转化提供全流程、一站式解决方案。设立规模可观的科技成果转化引导基金，创新基金运作模式，联合风险投资、产业资本等社会力量，以"投贷联动""跟投跟贷"等方式，助力科研成果跨越"死亡之谷"，顺利实现产业化。

打造适配新质生产力的人才供应链。调整优化高校学科专业设置，动态跟踪新质生产力发展需求，新增如量子信息工程、新能源材料科学、人工智能伦理等前沿交叉专业，构建"基础学科＋应用学科＋前沿交叉学科"的多元学科布局。推行"产学研用"联合培养模式，鼓励企业深度参与高校人才培养方案制定、课程设计、实践教学等环节，定向输送具备实战经验的复合型人才。实施"海外高端人才柔性引进计划"，突破地域、编制等限制，采用兼职、项目合作、候鸟式工作等灵活方式，吸引全球顶尖人才为我所用，为新质生产力持续发展注入智慧源泉。

强化全方位科技金融支撑体系。构建"政府引导、市场主导、社会参与"的科技金融生态，针对新质生产力培育不同阶段资金需求特点，量身定制金融产品与服务。在种子期、初创期，设立天使投资引导基金、科技创业风险投资基金，发挥财政资金"种子"作用，撬动社会资本早期介入；成长期，拓展科技信贷渠道，鼓励银行开发知识产权质押贷款、科创企业信用贷款等产品，缓解企业融资难题；成熟期，推动符合条件的新质生产力企业在主板、科创板、创业板等资本市场上市融资，拓宽发展资金来源。完善科技金融风险分担机制，设立政府担保基金、风险补偿基金，降低金融机构参与科技投资风险，为创新注入源源不断资金动力。

第三节　提升科技强国建设能力

一、强化国家战略科技力量

完善国家战略科技力量体系，包括战略科技主体（如国家实验室、国家科研机构、高水平研究型大学和科技领军企业等）、战略科技设施、战略科技空间和战略科技人才等要素。加强要素的建设和优化，提升整体科技创新能力。优化国家战略科技主体定位和力量布局。根据"四个面向"（即：坚持面向世界科技前沿、面向经济主战场、面向国家重大需求、面向人民生命健康）要求，各类战略科技主体要明确自身定位，聚焦国家战略需求，发挥各自优势，形成协同创新合力。同时，要根据国家战略需求优化布局，增强科技链产业链的韧性和安全性。

二、坚持自主创新与开放创新相结合

深化自主创新。加快掌握技术发展主导权，提升自主创新能力。这包括在关键核心技术领域取得突破，形成自主知识产权和自主品牌。拓展开放创新。以更加开放包容的心态，积极拓展科技对外开放格局和空间。通过参与国际科技合作与交流，引进国外先进技术和管理经验，提升我国科技创新的国际竞争力。

三、促进产业链与创新链协同发展

利用我国庞大的国内市场和比较齐全的产业门类优势，打通产业链上下游环节，形成完整的产业链条。围绕产业链部署创新链，加强科技创新与产业发展的紧密结合。通过科技创新推动产业升级和转型，提升产业链的整体竞争力。通过产业链与创新链的协同发展，提升我国在全球价值链中的位置，实现从低端嵌入向中高端主导的转变。

四、打造世界一流科技人才队伍

全面提高人才自主培养质量，着力造就拔尖创新人才。通过改革人才培养机制、优化人才培养环境等措施，培养更多具有国际水平的战略科技人才、科技领军人才和青年科技人才。引进海外人才。继续实施海外高层次人才引进计划，吸引更多海外优秀人才来华工作和创业。同时，加强与国际科技组织的合作与交流，为海外人才提供更好的发展机会和平台。建立健全有利于创新的法治环境、市场环境和文化环境。通过加强知识产权保护、建立快捷的新技术新产品准入机制、综合运用财税金融等政策手段促进科技成果的规模化应用等措施，营造良好的创新生态氛围。

五、加强科技创新基础设施建设

加大对科研设施的投资力度，建设一批世界级科研设施和实验室。这些设施将为科研人员提供先进的实验条件和平台支持，推动科技创新取得更多突破性成果。根据国家战略需求和区域创新特点，优化科研设施的布局和配置。通过加强区域间的协同创新与合作交流，形成优势互补、资源共享的科研设施网络。

提升科技强国建设能力需要从强化国家战略科技力量、坚持自主创新与开放创新相结合、发挥市场优势促进产业链与创新链协同发展、坚持人才为本打造世界一流科技人才队伍以及加强科技创新基础设施建设等多个方面入手。这些措施的实施和推进，能够有力推动我国科技事业的快速发展和创新能力的提升。

第四节　创新科技强国建设机制

一、深化产学研协同创新机制，打通成果转化梗阻

推进利益共享风险共担模式。构建产学研深度融合的利益共享与风险共担机制。鼓励高校、科研机构与企业以股份制、契约式等形式联合组建创新实体，如产业技术创新联盟、联合研发中心等，明确各方在知识产权归属、收益分配、风险承担等方面的权利义务关系。例如，在成果转化收益分配上，

进行灵活调整,充分调动各方积极性;同时,在项目研发初期,各方按约定比例共同出资,共担失败风险,增强合作稳定性。

畅通人才双向流动渠道。建立产学研人才双向流动的畅通渠道。一方面,出台政策鼓励高校、科研机构科研人员到企业兼职、挂职,参与企业技术研发、项目管理等工作,规定其在企业工作期间保留原单位编制、职称评定资格等权益;另一方面,企业技术骨干、高管可到高校担任兼职教授、研究生导师,将实践经验带入课堂教学,促进知识与实践的双向融合,为产学研协同创新注入活力。

二、健全科技金融支撑机制,激活创新资金血脉

全生命周期金融服务适配,打造覆盖科技企业全生命周期的金融服务体系。在种子期、初创期,设立政府引导的天使投资基金、风险投资基金,发挥财政资金"种子"作用,撬动社会资本早期介入,为创新项目提供启动资金;成长期,鼓励银行创新推出知识产权质押贷款、科创企业信用贷款等特色金融产品,政府给予贴息、风险补偿等支持,拓宽企业融资渠道;成熟期,推动符合条件的科技企业在主板、科创板、创业板等资本市场上市融资,实现资本增值与企业发展良性互动。同时,建立科技金融风险分担机制,设立政府担保基金、风险补偿基金,降低金融机构参与科技投资风险。

金融科技融合赋能,推动金融科技深度融合,提升科技金融服务效率。利用区块链技术构建科技企业信用信息共享平台,整合市场监管、税务、知识产权等多部门信息,为金融机构提供精准信用评估,降低信息不对称风险;运用大数据分析挖掘科技企业潜在需求,实现金融产品精准推送;通过智能合约技术优化金融合同签订与执行流程,提高交易安全性与便捷性,为科技强国建设提供有力金融支撑。

三、拓展国际科技合作机制,融入全球创新网络

积极主动参与国际大科学计划和工程,如全球气候变化研究、国际空间

站建设等，派遣国内顶尖科研团队参与其中，共享前沿科技成果，提升我国科研国际影响力。在参与过程中，鼓励科研人员与国际同行开展深度合作研究，发表联合署名论文，加强学术交流与技术共享，推动我国科技水平向国际前沿迈进。

搭建跨境协同创新平台，吸引国外顶尖科研机构、企业与我国开展合作研发、技术转让等活动。在国内设立国际科技合作园区，给予入驻外资企业税收优惠、土地使用便利等政策支持，汇聚全球科技资源；同时，鼓励有实力的国内企业、科研机构"走出去"，在海外设立研发中心，利用当地人才、技术、市场资源，实现跨境协同创新，为科技强国建设拓展国际空间。

国家通过创新科技强国建设机制，从顶层设计、人才培养、产学研协同、科技金融支撑到国际合作等多个环节协同发力，构建起一套高效、可持续的科技强国建设体系，向着世界科技强国的目标稳步迈进。

第三章
加快实现高水平科技自立自强

第一节 基础研究实现高质量发展

一、基础研究的内涵和特征

（一）基础研究的内涵

基础科学研究泛指人类从事自然社会规律、逻辑和现象等科学问题研究的活动，简称"基础研究"。基础研究是二战后逐渐强化并丰富的概念，早期以兴趣导向和自由探索为主，后来向应用导向和战略导向拓展。基础研究是整个科学体系的源头，是所有技术问题的总机关。回顾科技革命和产业变革历史，基础科学理论、原创科技成果的重大突破深刻影响世界科学中心的转移和国际竞争格局的调整。当前，新一轮科技革命和产业变革与我国高质量发展形成历史性交汇，数字时代的科学研究范式发生深刻变革，基础研究转化周期明显缩短，大国科技竞争与合作的焦点向基础前沿前移。党和国家历来重视基础研究工作。中华人民共和国成立后特别是改革开放以来，我国基础研究取得重大成就，如期进入创新型国家行列。党的二十大报告擘画了

"以中国式现代化全面推进中华民族伟大复兴"的宏伟蓝图,提出到2035年实现高水平科技自立自强、进入创新型国家前列、建成科技强国的宏伟目标。科技强国是现代化强国的战略支撑,科技现代化是中国式现代化的题中应有之义。习近平总书记强调,"应对国际科技竞争、实现高水平自立自强,推动构建新发展格局、实现高质量发展,迫切需要我们加强基础研究,从源头和底层解决关键技术问题","加强基础研究,是实现高水平科技自立自强的迫切要求,是建设世界科技强国的必由之路",要求"各级党委和政府要把加强基础研究纳入科技工作重要日程,加强统筹协调,加大政策支持,推动基础研究实现高质量发展"。

(二) 基础研究的特征

一是"双力驱动"是现代基础研究的基本特征,目标导向的基础研究发挥着越来越大的作用。基础研究所研究的科学问题包括科学自身发展和经济社会发展"两个来源",其发展受到"双力驱动",既有来自科学系统自身不断拓展和深化的内部需求动力,也有来自经济社会发展需要的动力。从20世纪开始,开展基础研究的目的,已逐步从单纯满足科学家深化对自然现象和规律认识的兴趣,转向更加注重服务于人类社会发展和国力竞争的需要。因此,在基础研究管理工作中,一定要准确全面地理解"双力驱动"的实质和内涵,防止将两种动力因素割裂开来,以更好地促进基础研究的发展。

二是基础研究的组织化程度越来越高,自由探索仍然是科学发现的基本途径。基础研究具有长期性、艰巨性,不确定因素多、风险大。通常需要多年以上的持续探索积累,越是重大的突破,孕育的时间可能越长。同时,基础研究的成本日渐提高,需要依赖更多的支持,重大科学成果往往是集体智慧的结晶。平均而言,从20世纪初到20世纪末,科研团队的规模几乎翻了两番,而且这种增长趋势持续至今。如今很多基础问题的研究,需要更多的技巧、昂贵的科研设备和庞大的研究团队,才可能取得突破。在国家经济社会发展战略需求已成为基础研究主要导向的今天,以现有的知识和技术,难以预测在什么时候,在哪些具体领域,出现什么具体的突破,必须依靠科学家充分发挥想象力和创造力,依靠科学家对科学前沿的敏感性进行自由探索。无论是

"自上而下"的选题，还是"自下而上"的命题，真正有所发现、有所创新，都必须保障和依靠科学家的自由探索。

三是不同学科都包含基础研究，同时其基础研究体现着相应学科的特点和差异。基础科学、应用科学、技术科学，是对自然科学门类的划分；基础研究、应用研究、试验发展，是对研究活动属性的划分。任何门类科学都包括这些属性的研究。基础研究不仅包括面向学科发展（基础学科、新兴学科、交叉学科等）和科学前沿的研究，也包括面向国家战略需求的研究。同时，不同学科领域的研究工作在驱动力、选题来源、团队规模、对资源体量和支撑条件需求、产出形式等方面存在巨大差异。如，基础数学研究主要依仗研究人员的个人能力和坚持不懈，应用数学则非常强调与相关领域的深度融合；高能物理和天文学研究非常依赖大型仪器装置，强调科学问题牵引的大团队攻关，平台型和工程化特点突出；化学作为物质实现的中心学科，辐射产业的能力强，对研发支撑条件的要求高等。

四是学科交叉成为基础研究重大突破的方向，学科均衡协调发展是实现重点跨越的科学基础。当代科技发展日新月异，研究对象的复杂性不断增强，现代科学研究领域不断细分和融合，许多学科之间的边界变得越来越模糊。以学科为单位的研究正在突破彼此的边界，各学科正在以科技前沿问题为导向重新聚合，学科间交叉融合、相互渗透的趋势日益明显。学科均衡协调发展是实现学科交叉的基础，也是实现重点跨越的重要条件。建设比较完备的学科体系，是实现交叉与融合、推动科学技术进步与创新的重要前提。如果各学科不能均衡发展，个别弱势学科或落后学科就可能制约科技的整体发展，影响对复杂对象的深入研究，也影响对科学规律整体认识的深化。

二、基础研究对迈向科技强国的重要作用

（一）基础研究是抓住科技革命和产业变革新机遇的战略支撑

知识是经济的底层逻辑。回顾历史，科技革命和产业变革在很大程度上是建立在基础研究产生巨大突破的基础之上，那些及时抓住变革机遇的国

家,综合实力也会随之跃升。经济社会发展到瓶颈时期,会对某些领域的创新提出强烈需求。在成熟的市场机制和严格的知识产权保护环境下,社会需求会吸引科学家和企业家关注,促使社会投资显著增加,进而带动广泛领域的科技进步和产业发展。当前,全球科技创新进入空前密集活跃的新时期,新一轮科技革命和产业变革突飞猛进,正在重构全球科技创新版图,重塑全球产业形态和经济格局。在激烈的国际竞争中,我们要开辟发展新领域新赛道、塑造发展新动能新优势,从根本上说,必须强化基础研究对科技创新和创新发展的战略支撑。

(二) 加强基础研究是实现高水平科技自立自强的迫切要求

"构建新发展格局最本质的特征是实现高水平的自立自强"。科技是基础性支撑。党的十九届五中全会首次提出"把科技自立自强作为国家发展的战略支撑"。实践反复告诉我们,基础研究是科学体系的源头,关键核心技术是要不来、买不来、讨不来的。只有全面加强基础研究,把关键核心技术掌握在自己手中,努力实现高水平科技自立自强,才能从根本上保障国家发展和安全。高水平科技自立自强与自力更生、自主创新一脉相承,是指在构建新发展格局的同时,建立起自主、完备、高效、开放、包容的现代化科技创新体系,形成基础牢、能级高、弹性好、韧性强、可持续的科技实力和创新能力,从源头和底层解决关键技术问题,为不断增强国家的生存力、竞争力、发展力、持续力提供强大、全面、持久的战略科技支撑。

(三) 基础研究高质量发展是建设世界科技强国的必由之路

强大的基础研究是世界科技强国的基石,高水平原始创新是科技强国的重要标志。创新型国家是以科技创新为经济社会发展核心驱动力,具有强大创新优势的国家。基础科学知识具有基础性、体系性、累积性和衍生性等特点,通常创造并应用基础科学知识的国家掌握了巨大的经济优势与持久的领先优势。目前,全球创新型国家有 20 个左右,我国已进入创新型国家行列。科技强国是创新型国家的高级阶段,体现为科学领先、技术发达、教育兴盛、经济繁荣、思想解放、军事实力强大。习近平总书记指出,"实现建成社会主义现代化强国的伟大目标,实现中华民族伟大复兴的中国梦,我们必须具有强大的科技实力和创新能力",要求"强化建设世界科技强国对建设社会主义现代化强国的战略支撑"。强国建设、民族复兴,基础是实现教育科技人才现代化,建成教育科技人才强国,关键是"加强基础研究,突出原创,鼓励自由探索",建设世界主要科学中心、重要人才中心和创新高地,夯实科技自立自强的科学根基。

三、推进基础研究高质量发展

(一) 强化基础研究前瞻性、战略性、系统性布局,把握大趋势、下好"先手棋"

一是坚持"四个面向",坚持目标导向和自由探索"两条腿走路"。 目标指引前进方向,探索孕育创新机遇。坚持目标导向和自由探索相结合,既要从经济社会发展面临的实际问题中凝练科学问题,也要鼓励科技工作者开展前沿探索,从源头和底层解决关键核心技术问题。要把原始创新能力提升摆在更加突出的位置,鼓励自由探索式研究和非共识创新研究,努力拓展认知边界、开辟认知疆域、孕育科学突破。结合基础研究具有探索性、不确定性、长周期性特点,完善自由探索型和任务导向型科技项目分类评价制度,完善基础研究人才差异化评价和长周期支持机制,赋予科研人员更大的人财物支配权和学术研究自主权。同时,坚持系统布局、目标导向,把握科技发展趋势和国家战略需求,充分发挥新型举国体制优势,集中力量、整体推进,以咬定青山不放松的韧劲破解"卡脖子"难题。

二是强化国家战略科技力量,有组织推进基础研究。 科学问题是基于现有科学知识基础、为解决未知而提出的任务。重大科学问题的提出,蕴含着问题的指向、研究的目标和求解的应答域,必然会引发一大批科学家去研究、探索和解疑,因此也塑造着科学发展的方向,为基础研究提供动力。从来源上看,科学问题既包括面向世界科学前沿的原创性科学问题,也包括从国家安全、产业发展、民生改善的实践中凝练的基础科学问题。坚持原始创新、集成创新、开放创新一体设计，实现科学、技术、工程、产业有效贯通。优化国家科研机构、高水平研究型大学、科技领军企业定位和布局，统筹部署战略导向的体系化基础研究、前沿导向的探索性基础研究、市场导向的应用性基础研究，注重发挥国家实验室引领作用、国家科研机构建制化组织作用、高水平研究型大学主力军作用和科技领军企业"出题人""答题人"和"阅卷人"作用。

三是优化基础学科建设布局，构筑全面均衡发展的高质量学科体系。 学科方面宜聚焦国家需求与科学前沿的重大问题，抢占科技制高点，促进科技基础设施发挥支撑作用。相关学科与方向的国际影响力，是衡量基础研究强弱的一个重要指标。找准学科与方向的创新突破口，是中国发展基础研究的难题之一。尽管科学技术知识体系十分庞杂，在一个时期内却总有几个带头学科位于发展迅速、引领性强的先导位置，带动学科之间的交叉融合。力学、热力学、电磁学、化学、核物理、遗传学、电子学、计算机等学科先后奠定了带头学科的地位。错失带头学科与交叉学科的增长"红利"，就很可能错过基础研究突破，甚至丧失科学技术革命的"风口"。带头学科的突破经常依赖重大科技基础设施的支撑。实验探测、仿真计算和数据密集型发现等不同的研究范式，都离不开加速器、望远镜、超算、观测台站等大型科技基础设施。合理前瞻地部署稀缺的大型关键装置，不仅能够直接增强整体科研实力，而且通过大科学工程的实施，可以带动产业解决关键核心技术问题。

（二）深化基础研究体制机制改革，发挥好制度、政策的价值驱动和战略牵引作用

一是加大多元化基础研究投入。 稳步增加基础研究财政投入力度，并优化支出结构，是推动科技进步和创新的重要举措。通过税收优惠等多种激励措施，鼓励企业加大对基础研究的投入，不仅能够提升企业的技术创新能力，还能促进产学研深度融合。此外，鼓励社会力量设立科学基金或进行科学捐赠等多元化投入方式，可以为科学研究提供更多的资金来源和支持渠道。特别是提升国家自然科学基金及其联合基金的资助效能，有助于集中资源解决重大科学问题，提高科研成果的质量和影响力。建立和完善竞争性支持与稳定支持相结合的基础研究投入机制,既能激发科研人员的竞争意识和创新活力,又能保障长期稳定的研究项目得到持续的资金支持,从而实现科学研究的长远发展和社会经济的可持续增长。

二是优化国家科技计划基础研究支持体系。完善项目组织、申报、评审和决策机制。实施差异化分类管理,针对不同类型的研究项目采取相应的管理措施,确保资源的高效利用和科学分配。引入国际国内同行评议机制,能够提升评审的专业性和公正性,为科研人员提供公平的竞争环境。国家对于重大科学问题的协同攻关,应鼓励跨学科、跨机构的合作,形成合力解决复杂问题的能力。同时,支持自由探索式研究和非共识创新研究,有助于激发科研人员的创造力,挖掘潜在的科学突破点。充分发挥政府、市场和社会的作用至关重要。有为政府可以通过制定战略规划和政策引导,为科技发展指明方向;有效市场则通过资源配置优化和竞争机制激励创新;有序社会可以营造良好的科研氛围和支持体系。依托战略科技力量组织实施战略科技任务,不仅能够集中优势资源攻克关键技术难题,还能促进科技成果向实际生产力的转化,增强国家的整体科技实力与国际竞争力。

三是处理好新型举国体制与市场机制的关系。健全并发挥新型举国体制优势,打好关键核心技术攻坚战,提高创新体系整体效能。健全同基础研究长周期相匹配的科技资源配置、科技评价激励、成果应用转化、科技人员薪酬等制度,长期稳定支持一批基础研究创新基地、优势团队和重点方向,有助于形成持续创新能力。强化应用研究带动作用,鼓励自由探索,既能够解决当前面临的实际问题,又能挖掘潜在的科学突破点。打造原始创新策源地和基础研究先锋力量,是推动科技进步的重要途径。通过这些措施,不仅能激发科研人员的积极性和创造力,还能加速科技成果的实际应用和产业化进程,从而增强国家在国际科技竞争中的核心竞争力。同时,这种全方位的支持体系将为我国在全球科技领域占据领先地位奠定坚实基础。

(三) 加强科技基础能力建设,形成强大的基础研究骨干网络

一是协同构建中国特色国家实验室体系。统筹布局国家实验室、基础学科研究中心建设,制定科学合理的规划,确保这些研究机构在全国范围内的

合理分布,以最大化地发挥地域优势和资源优势。通过集中力量建设一批具有国际先进水平的国家实验室,可以有效提升我国在关键技术领域的自主创新能力。着力推进全国重点实验室体系重组。对现有实验室进行评估和整合,淘汰落后产能,注入新的资源和技术力量,使其更好地适应现代科学研究的需求。重组过程中应注重提高实验室的开放性和共享性,鼓励不同机构之间的合作交流,形成协同创新的良好氛围。此外,还应加大对基础学科的支持力度,建设一批专注于数学、物理、化学等基础学科的研究中心,为前沿科学研究提供坚实的理论基础。

二是构建定位合理、分工明确、优势互补的国家战略科技力量协同机制。 优化国家实验室、国家科研机构、高水平研究型大学、科技领军企业和新型研发机构等骨干力量,差异化开展基础研究、学科建设、人才培养和生态建设的定位与布局。明确各主体在基础研究中的差异化角色：国家实验室应聚焦于国家战略需求和重大科学问题,承担起关键核心技术攻关的任务;国家科研机构则应在各自的专业领域内深耕细作,推动前沿科学研究的发展;高水平研究型大学不仅要在学术研究上保持领先地位,还应强化人才培养,为国家输送高质量的科研人才;科技领军企业应当发挥市场导向作用,通过产学研结合,加速科技成果的转化应用,提升企业的核心竞争力;新型研发机构则可以作为灵活创新的载体,探索新的科研模式和机制,促进跨学科、跨领域的合作创新。此外,各主体在学科建设和人才培养方面也应各有侧重：高校和科研院所应注重培养学生的科研能力和创新思维;企业可以通过实习、项目合作等方式提供实践平台,帮助学生将理论知识应用于实际问题中。在生态建设方面,各主体需共同努力,形成协同创新的良好环境。通过建立开放共享的科研平台,促进信息交流和技术合作,构建良好的创新生态系统。

三是科学规划布局重大科技基础设施。 超前部署新型科研信息化基础平台,形成分布式、网络化的基础研究平台支撑体系。结合国际/区域科技创新中心、综合性国家科学中心等重大创新战略部署,系统布局前瞻引领型、战略导向型、应用支撑型设施建设,厚实基础研究的物质技术基础。前瞻引领型设施应聚焦于前沿科学研究,探索未知领域;战略导向型设施则需围绕国家战略需求,解决关键技术难题;应用支撑型设施要服务于实际应用,推动科技成果的转化与产业化。强化事中事后监管,完善全生命周期管理,全面提升设施开放共享水平和运行效率,鼓励跨学科、跨机构的合作使用,最大化地发挥设施的价值。

(四) 建设基础研究国家战略人才力量,强化现代化建设人才支撑

一是加大各类人才计划对基础研究人才支持力度。坚持各方面人才一起抓,在攻坚克难的创新实践中发现人才,培养使用各类人才,要在实际科研项目中识别具有潜力的人才,通过实战锻炼提升他们的能力和经验。要特别重视和支持战略科学家的发展,这些科学家不仅具备深厚的专业知识,还能从全局角度把握科技发展趋势,为国家重大科技决策提供关键支持。支持青年科技人才挑大梁、担重任,青年科技人才是科技创新的生力军,他们充满活力和创造力,能够带来新的思路和方法。国家通过设立专项基金、提供更多的研究机会和资源,帮助他们在早期职业生涯中取得重要成果,并逐步成长为科技领军人才。不断壮大科技领军人才队伍和一流创新团队,建立完善的激励机制和良好的科研环境,吸引更多优秀人才投身科学研究,并为其提供广阔的发展空间和平台,争取涌现一批科学大师,形成一个多层次、多领域的人才梯队。

二是完善基础研究人才差异化评价和长周期支持机制。构建符合基础研究规律和人才成长规律的评价体系,注重科研成果的质量而非数量,强调原创性和实际应用价值,鼓励科研人员进行长期、深入的研究工作。设立多样化的评价标准,如同行评议、项目成果的实际影响等,可以更全面地评估科研人员的贡献。赋予科技领军人才更大的人财物支配权和技术路线选择权,允许他们在一定范围内自主调配科研经费、设备和人力资源,并根据实际情况灵活调整研究方向和技术路径。实行人才梯队配套、科研条件配套、管理机制配套,确保不同层次的人才能够在适宜的环境中成长和发展。对于青年科技人才,提供充足的启动资金和导师指导,帮助他们快速适应科研环境;对于资深科学家,则给予更多的资源支持和政策倾斜,使其能够专注于重大科学问题的攻关。此外,优化科研管理机制,简化审批流程,提高科研效率,营

造宽松自由的学术氛围。

三是加强科研学风作风建设。推进院士制度改革，院士应成为胸怀祖国、服务人民的典范，以追求真理和勇攀高峰的精神，致力于解决国家重大科技问题。坚守学术道德、严谨治学的态度是科研人员的基本准则，而甘为人梯、奖掖后学则体现了对年轻一代科学家的支持与培养。面对发挥"四个表率"（即：做胸怀祖国、服务人民的表率，做追求真理、勇攀高峰的表率，做坚守学术道德、严谨治学的表率，做甘为人梯、奖掖后学的表率）作用的要求，院士们不仅要在科研上取得突破，还要在道德和精神层面树立榜样。建立以创新价值、能力、贡献为导向的人才评价体系，鼓励科技人员十年磨一剑，专注于具有深远影响的研究课题。摒弃浮夸、祛除浮躁，意味着科研人员要坐得住"冷板凳"，不为短期利益所动，专注于真正有价值的科学探索。具体措施包括：设立长期项目资助机制，支持那些需要长时间沉淀才能出成果的研究；提供稳定的科研环境和资源保障，减少不必要的行政干预和烦琐的审批流程；鼓励跨学科合作和团队协作，促进知识共享和技术交流。

第二节　加快信息强国建设

一、信息强国的内涵和特征

（一）信息强国的内涵

信息强国，是指在信息领域拥有强大的综合实力和国际竞争力，能够有效利用信息技术推动经济社会发展，保障国家安全，提升国民生活质量，并在全球信息治理体系中发挥重要作用的国家。信息强国建设是现代化建设的重要内容，它涉及信息技术创新、信息产业发展、信息安全保障、信息人才培育、信息法治建设等多个方面，是衡量一个国家软实力和未来发展潜力的重要标志。

信息强国建设是现代化强国建设的重要内容,它不仅仅体现在技术层面的领先,更在于构建一个全方位、多层次、宽领域的信息社会。这一目标的实现,涵盖了信息技术创新、信息产业发展、信息安全保障、信息人才培育、信息法治建设等多个方面,每一个方面都是构建信息强国的关键基石,共同构成了衡量一个国家软实力和未来发展潜力的重要标志。信息强国建设是一个系统工程,它需要国家在战略层面进行长远规划和整体布局,通过不懈努力,最终实现国家在信息时代的全面发展和繁荣。

(二) 信息强国的特征

1. 拥有强大的信息技术创新能力

在信息科学领域的研究与开发上投入巨大,拥有一批世界领先的科研机构和高校,能够不断推动信息技术的突破和革新。它们在人工智能、大数据、云计算、物联网、5G 通信等前沿技术领域占据制高点,引领全球信息技术的发展趋势。

2. 拥有成熟的信息产业体系

信息产业不仅规模庞大,而且结构合理、产业链完整,能够在全球市场中占据重要地位。产业链条上的信息企业具有较强的国际竞争力,能够提供高质量的产品和服务,满足国内外市场的需求。

3. 具备完善的信息基础设施

拥有高速、广泛、安全的信息网络,能够为国民提供便捷、高效、稳定的信息服务。它们的信息基础设施不仅覆盖城市,也能深入偏远地区,缩小数字鸿沟,实现信息服务的普遍均等。

4. 具有高度的信息安全保障能力

重视信息安全,建立了全面的信息安全管理体系,包括网络安全防护、数据保护、信息内容监管等方面。能够有效防御网络攻击和信息安全威胁,保障国家关键信息基础设施的安全稳定运行。

5. 在全球信息治理体系中扮演重要角色

积极参与国际信息规则的制定,推动建立公平、合理的全球信息治理体系。在国际信息交流与合作中发挥着桥梁和纽带的作用,在国际舞台上有话语权。

6. 人民具有较高的信息素养

公民普遍掌握了信息技术的应用能力,能够充分利用信息资源提升生活质量和工作效率。社会对信息技术的接受度和创新能力较高,为信息强国的建设提供了广泛的群众基础。

二、信息强国的建设意义

在网络强国战略指引下,我国信息强国建设取得了非凡的成就。当下,信息技术革命正加速向经济社会各领域广泛渗透,数字化、网络化、智能化加速演进,加快建设信息强国,已成为持续推进和拓展中国式现代化的重要引擎、构筑国家竞争优势的战略支撑。

信息强国的建设是推动经济高质量发展的关键。信息技术的广泛应用和深度融合发挥着不可替代的作用,不仅能够推动传统产业实现转型升级,通过数据化、智能化、网络化等手段提升产业效能,还能够培育一系列新的经济增长点,如大数据分析、云计算服务、物联网应用等新兴业态。此外,信息技术的运用有助于提高全要素生产率,优化资源配置,进一步提升经济的创新能力和竞争力。在这一基础上,经济的持续发展能力得到显著增强,为国家的长期繁荣稳定奠定了坚实的基石。信息强国建设不仅加速了产业结构的高级化,还促进了经济增长模式的转变,使得经济发展更加均衡、绿色、可持续,从而在全球化背景下确保了国家的经济领先地位。

信息强国建设是提升国家治理体系和治理能力现代化的重要手段。信息技术的融入和应用,极大地提高了政府决策的科学性、精准性和有效性,使得政策制定更加符合实际情况和公众需求。通过数据分析与处理,政府能够更加准确地把握社会动态,预见发展趋势,从而作出更加合理的政策选择。同时,信息技术的运用增强了政府的服务能力,通过电子政务平台等手段,实现了政务服务的便捷化、高效化,极大地提升了民众的满意度和政府的公信力。此外,信息技术的透明性特征促进了政务公开,增强了政府的透明度和廉洁度,为社会监督提供了有力工具。在此基础上,社会治理水平得到显著提升,推动了构建更加智慧、高效、廉洁的政府目标实现,为国家的长治久安和人民的幸福生活提供了坚实的治理保障。

信息强国建设是保障国家安全的重要基石。在信息化时代,网络安全已成为国家安全的重要组成部分,其重要性不言而喻。建设信息强国,意味着必须加强网络安全防护,构建坚固的信息安全防线。这不仅能够有效防范和抵御来自网络空间的各类信息安全风险,包括黑客攻击、信息泄露、网络病毒等,还能够保护国家关键信息基础设施免受破坏,确保国家政治、经济、社会稳定运行。信息强国的网络安全建设,涵盖了技术研发、法律法规、应急响应、人才培养等多个方面,通过全面提升国家网络安全的整体水平,为国家的长期繁荣和安全提供坚实保障。在这一过程中,国家能够更好地维护主权和安全,保护公民个人信息安全,以及维护网络空间的和平与稳定。

信息强国建设是增强文化软实力的有效途径。通过信息技术的广泛运用,先进文化的传播速度和覆盖范围得到极大拓展,国家文化影响力得以显著提升。这不仅有助于增强民族自豪感和凝聚力,还能在全球化背景下增强国家的国际话语权,提升国家形象。同时,信息技术的介入促进了文化多样性的交流与融合,为文化创新提供了丰富的素材和广阔的平台。在这样的环境下,文化创意产业得到蓬勃发展,文化产品和服务更加丰富多样,满足了人民群众日益增长的精神文化需求,也为国家文化的对外传播提供了强有力的支撑。因此,信息强国建设对于提升国家文化软实力,推动文化创新和多样性发展,具有深远而重要的意义。

信息强国建设是改善民生、提高人民生活质量的重要保障。随着信息技术的发展,民众得以享受到更加便捷、高效、个性化的服务,这些服务涵盖了生活的方方面面,极大地满足了人民群众日益增长的美好生活需要。在教育领域,信息技术推动了远程教育和在线学习平台的兴起,使得优质教育资源得以广泛共享,促进了教育公平和质量的提升。在医疗领域,信息化手段提高了医疗服务效率,远程医疗、电子健康档案等创新应用为民众提供了更加便捷的就医体验。此外,交通领域的智能化改造,如智能交通系统、在线出行服务等,有效缓解了城市交通压力,提升了出行效率。信息技术的深入应用,不仅推动了社会服务模式的创新，还带动了相关产业的快速发展，为社会就业创造了更多机会，从而在整体上提升了人民的生活品质和幸福感。

三、推进信息强国高质量发展

（一）加快新型基础设施建设，优化数据中心布局

一是加强顶层设计，明确新型基础设施建设规划。为推动信息强国建设，需要加强顶层设计，明确新型基础设施建设的总体规划和布局。国家已出台相关政策，指导新型基础设施建设的发展方向，特别是针对数据中心的建设。制定数据中心布局的长期规划，确保其与城市发展规划、能源供应、环境保护等相协调。鼓励采用新技术、新工艺，推动数据中心向绿色化、智能化、高效化方向发展。建立健全跨部门、跨区域的协调机制，统筹资源，避免重复建设和资源浪费。为新型基础设施建设和数据中心布局提供清晰的指导和强有力的政策支持。

二是优化数据中心布局，实现资源的有效配置。随着数据量的爆炸式增长，合理规划数据中心的位置可以减少能源消耗，提高运营效率，并保障信息安全。需遵循"东数西算"的原则，即东部地区作为数据产生地，而西部地区则负责数据处理和存储，利用两地之间的互补优势，形成合理的产业分工。具体来说，在东部沿海发达省份设立少量高性能计算中心，满足本地即时性高要求的数据处理需求；而在中西部地区，尤其是那些电力资源丰富且气候适宜的地方，规划建设大型或超大型的数据中心集群，以承担海量数据的长期保存任务。注重数据中心之间的互联互通，打造全国一体化的大数据流通枢纽，确保数据传输的安全性和稳定性。另外，推广绿色节能技术的应用，如采用自然冷却系统、可再生能源供电等方式，降低 PUE（电源使用效率）值，响应国家节能减排政策号召。

（二）推进核心技术攻关，鼓励创新技术研发

一是强化核心技术攻关，筑牢信息强国的基石。推进信息强国高质量发

展,核心在于突破关键核心技术。必须加大研发投入,实施国家重大科技项目,集中力量推进核心技术攻关。确立以我为主的创新路径,围绕人工智能、量子信息、集成电路、5G通信等前沿领域,布局一批具有战略意义的关键技术项目。构建产学研用深度融合的创新体系,鼓励企业、高校和科研机构联合开展技术攻关,形成创新合力。设立国家科技重大专项基金,为关键技术研发提供稳定的资金支持,确保攻关项目能够持续、深入地进行。

二是优化创新环境,激发创新技术研发活力。完善知识产权保护体系,加大对侵权行为的惩罚力度,保护创新者的合法权益,提高创新主体的积极性。改革科技评价体系,建立以创新质量和贡献为导向的评价机制,鼓励科研人员敢于挑战难题,勇于创新。提供政策支持,对于从事核心技术研究的团队和个人给予税收优惠、融资便利等政策扶持,降低创新成本,提升创新效率。加强创新创业教育,培养一大批具有创新精神和创造能力的高素质人才,为信息强国建设提供强大的人力资源保障。

三是推动成果转化,实现创新技术的产业化应用。建立科技成果转化平台,为科研机构和企业之间的技术转移提供桥梁,加速科技成果从实验室走向市场。鼓励企业成为技术创新的主体,通过政策引导和市场机制,促使企业加大新技术、新产品的研发和应用。打造高新技术产业园区,集中优势资源,形成产业链上下游企业的集聚效应,推动产业集群高质量发展。加强国际合作,引进国外先进技术和管理经验,同时推动我国自主创新技术走向世界,提升我国在全球信息产业中的话语权和影响力。

(三)推进数字产业化和产业数字化

一是加快数字产业化进程,培育新的经济增长点。在当今数字化浪潮中,大力发展数字经济核心产业势在必行。聚焦大数据、云计算、人工智能等前沿领域,以政策为导向,加大资金投入力度,搭建创新平台,鼓励企业与科研机构深度合作,加速技术创新成果的转化与应用。国家通过一系列举措,着力培育一批掌握核心技术、具有国际竞争力的龙头企业,发挥其引领示范作用。同时,高度注重构建完善的数字产业链条,强化上下游企业之间的协同合作,促进资源共享与优势互补。以产业园区为依托,打造产业集群效应,增强产业整体的抗风险能力和市场竞争力，推动数字产业蓬勃发展，为经济增长注入强劲动力。

二是深化产业数字化改造，提升传统产业竞争力。 实施"互联网＋"行动计划，推动互联网、大数据、人工智能与实体经济深度融合，促进传统产业转型升级。推广智能制造、工业互联网等数字化应用，借助先进技术实现生产流程的优化，大幅提高生产效率，确保产品质量稳步提升，同时有效降低生产成本，增强企业的市场竞争力。加强对企业数字化转型的政策支持，为企业提供全方位服务。在技术上给予精准指导，在资金上给予有力扶持，在人才培养上给予专业助力，帮助企业克服数字化转型过程中遇到的种种难题。构建数字化服务平台，搭建产业链上下游企业沟通协作桥梁，为企业提供数据共享、供需对接、协同创新等服务，打破信息壁垒，促进资源高效配置，推动产业链各环节协同发展，进而促进产业链整体数字化水平的提升，为产业发展注入新活力。

三是构建数字经济发展新格局，推动经济社会全面进步。 根据不同地区的资源禀赋、产业基础和发展优势，合理规划数字经济产业的分布，避免盲目跟风和重复建设。一方面，通过政策引导和资源倾斜，鼓励数字经济在有条件的地区率先发展，培育一批具有特色的数字经济产业集群。另一方面，大力推动数字经济与区域经济协同发展，发挥数字经济的辐射带动作用，促进区域间的要素流动和资源共享。不仅要在发达地区打造具有国际影响力的数字经济高地，还要注重带动欠发达地区的数字经济发展，缩小区域间的数字鸿沟。这样通过构建数字经济发展新格局，以数字经济为引擎，推动经济社会在创新、效率、公平等方面实现全面进步，为实现高质量发展奠定坚实基础。

（四）构建网络安全防护体系，加强数据安全隐私监控

一是完善法规制度，规范数据安全管理。 制定完善的数据安全法律法规，明确数据的收集、存储、使用、共享等各个环节的安全要求和责任主体，加大对数据泄露、滥用等违法行为的惩处力度，形成强大的法律威慑。建立数据分类分级管理制度，根据数据的敏感程度和重要性，采取不同的安全防护

措施,确保关键数据的安全。加强对数据跨境流动的监管,制定严格的数据出境审查机制,保障国家数据主权和安全。推动行业自律,引导企业制定数据安全和隐私保护的行业规范和标准,加强行业内部的自我约束和管理,营造健康、有序的数据安全环境。

二是加强国际合作,共同应对安全挑战。在全球化的大背景下,网络空间的安全问题没有国界,任何一个国家都难以独自应对复杂的网络安全威胁。加强国际合作成为构建网络安全防护体系的必然选择。积极参与国际网络安全规则的制定,在国际舞台上发出中国声音,贡献中国智慧,推动建立公正合理的国际网络空间秩序。与其他国家建立双边或多边的网络安全合作机制,开展情报共享、联合执法等活动,共同打击网络违法犯罪、网络恐怖主义等跨国网络安全威胁。加强与国际组织、行业协会等的合作,共同推动全球网络安全技术的发展和标准的统一。例如,参与国际互联网工程任务组(IETF)等组织的工作,在网络协议、安全标准等方面发挥积极作用。这样通过国际合作,整合全球资源,形成应对网络安全挑战的合力,为我国信息产业的国际化发展营造良好的外部环境,也为全球网络安全治理作出贡献。

三是增强全民意识,营造安全网络环境。网络安全不仅是技术问题,更是社会问题,需要全社会的共同参与。增强全民网络安全和数据隐私保护意识,是构建网络安全防护体系的重要基础。开展形式多样的网络安全宣传教育活动,通过电视、广播、互联网等多种媒体渠道,普及网络安全知识,提高公众对网络安全风险的认知和防范能力。例如,举办网络安全宣传周活动,向公众宣传网络诈骗、个人信息保护等方面的知识,增强公众的自我保护意识。在学校教育中,将网络安全和数据隐私保护纳入课程体系,从青少年抓起,培养他们正确的网络使用习惯和安全意识。同时,鼓励企业和社会组织积极参与网络安全宣传教育,形成全社会共同关注、共同参与网络安全的良好氛围。只有当每一个网络使用者都成为网络安全的守护者,才能真正营造出安全、健康、有序的网络环境,为信息强国的高质量发展提供坚实的社会基础。

第三节　生命健康与科技强国

一、生命健康产业的内涵和特征

(一) 生命健康产业的内涵

生命健康产业是以维护、促进和提升人类健康为核心目标的综合性产业体系。其内涵涵盖了从基础研究、技术创新到产品和服务的全链条，旨在通过多学科交叉与融合，满足人们对健康生活的全方位需求。生命健康产业不仅包括传统的医疗、医药和公共卫生领域，还延伸至健康管理、健康促进、健康食品、健康旅游、运动健身等新兴领域，形成了一个多元化、多层次的产业生态。它强调对人类全生命周期的健康干预，从疾病预防、诊断、治疗到康复和健康维护，贯穿于个体从出生到衰老的全过程。同时，生命健康产业高度依赖科技创新，如基因编辑、人工智能辅助诊断、生物制药等前沿技术，为产业发展注入了强大动力。

(二) 生命健康产业的特征

1. 创新型

随着科学技术的发展，基因编辑、个性化医疗、精准医疗等新兴技术不断涌现并迅速应用到临床实践中。这些技术不仅提高了疾病的诊断准确性和治疗效果，而且为传统医疗模式带来了革命性的变化。例如，通过基因测序可以预测个体患某些疾病的风险，并提前采取干预措施；利用干细胞疗法修复受损组织器官，使得一些过去难以治愈的疾病有了新的治疗方向。

2. 高附加值

由于涉及大量的研发工作和复杂的生产工艺，生命健康产品的开发周期长、投入大、风险高，但一旦成功上市，则往往能带来极高的经济效益和社会效益。如抗癌药物的研发,虽然过程艰难曲折,但一旦研制成功,不仅能挽救无数患者的生命,还能为企业创造巨大的商业价值。

3. 服务性

随着人们生活水平的提高和健康意识的增强,人们对于医疗服务的需求不再仅仅局限于治病救人,而是更加注重健康管理、养生保健等全方位的服务体验。因此,越来越多的企业开始向用户提供个性化的健康咨询、在线诊疗、远程监护等增值服务,以满足不同人群日益增长的多样化需求。

4. 政策导向性强

生命健康产业的发展离不开政府的支持与引导。各国政府普遍重视该领域的发展,出台了一系列鼓励创新、加强监管、促进国际合作等方面的政策措施。比如,在中国,国家层面提出了"健康中国"战略,旨在通过优化医疗卫生资源配置、深化医药卫生体制改革等手段推动整个行业健康发展。

5. 全球化趋势明显

生命健康产业呈现出明显的国际化特征:一方面,企业通过海外并购、设立研发中心等方式获取先进技术资源;另一方面,产品和服务也在全球市场上进行广泛交流与合作,促进了知识和技术的传播扩散。

二、生命健康产业发展的重要意义

生命健康产业的发展具有深远的意义,它不仅对个人和社会的健康福祉有着直接的影响,而且在经济、社会、科技等多个层面上都扮演着至关重要的角色。随着全球人口老龄化趋势加剧、慢性病发病率上升以及人们对高质量生活追求的不断提升,生命健康产业的重要性愈发凸显。

从公共健康的角度来看,生命健康产业是实现全民健康覆盖的关键。该产业致力于提供预防、诊断、治疗和康复等全面的健康服务,通过提升医疗服务的质量和效率,可以有效地降低疾病负担,提高居民的生活质量。例如,疫苗的研发与普及接种极大地减少了传染病的发生率;而慢性病管理方案则有助于控制糖尿病、心血管疾病等长期病症的发展,从而减少并发症带来的额外医疗成本。此外,通过加强公共卫生体系建设,生命健康产业还能增强应对突发公共卫生事件的能力,如新冠疫情期间所展现出来的快速响应机制就是最好的证明。

经济层面上,生命健康产业被视为新的经济增长点。在全球经济增速放缓的大背景下,这一领域展现出强劲的增长势头。据估计,到 2030 年,全球生命健康产业规模将达到数万亿美元级别。其高附加值特性意味着每一个百分点的增长都能为 GDP 作出显著贡献。更重要的是,该产业能够带动上下游相关行业的协同发展,包括但不限于医药制造、医疗器械、信息技术、物流配送等行业,形成完整的产业链条,创造大量的就业机会。同时,对于发展中国家而言,培育本土的生命健康产业还有助于促进产业结构转型升级,提升国家整体竞争力。

科技进步方面,生命健康产业始终处于科技创新前沿。基因编辑技术(CRISPR)、人工智能辅助诊疗系统、纳米药物递送载体等新兴科技成果不断涌现,不仅改变了传统的医学模式,也为解决一些棘手的医学难题提供了可能。以精准医疗为例,通过对个体遗传信息的分析解读,医生可以制定出更加个性化的治疗方案,提高疗效的同时也降低了副作用的风险。这种基于数据驱动的新型医疗方式,正逐渐成为未来医学发展的主流方向。此外,生命健康产业内的创新还推动了其他领域的技术进步,如生物材料科学的进步促进了再生医学的发展,而云计算和大数据处理能力的增强则为远程医疗提供了技术支持。

社会价值层面,生命健康产业的发展体现了人类对生命的尊重和对健康的不懈追求。它不仅是关于治愈疾病,更是关于如何更好地维护和改善人们的身体机能和心理健康。在这个过程中,公众健康意识的觉醒促成了更加积极主动的生活方式选择,比如定期体检、合理膳食、适量运动等。与此同时,生命健康产业也在改变着医患关系和社会伦理观念。随着患者权利意识的增强,医疗机构需要更加注重患者的知情同意权、隐私保护等问题,这反过来又促使整个行业朝着更加透明化、人性化的方向发展。

国际交流与合作上,生命健康产业是全球化进程中不可或缺的一部分。跨国药企之间的合作研发、临床试验的多中心布局、知识产权的共享与保护等现象日益普遍。这些国际合作不仅加速了新药和技术的推广速度,也让各国能够在更广泛的范围内分享经验和资源,共同面对全球性的健康挑战。特别是在当前复杂的国际形势下,生命健康产业的合作还可以作为一种"软实力",增进不同国家和地区之间的理解和互信,构建起跨越国界的健康共同体。

三、推进生命健康产业高质量发展

(一)突破关键技术,推动成果转化应用

一是推动关键技术突破,提升自主创新能力。生命健康领域涵盖众多学科交叉的技术难题,如基因编辑、免疫治疗、生物制药等,这些技术不仅是现代医学进步的核心驱动力,也是衡量一个国家科技实力的重要标志。为了实现关键技术的自主创新,国家应加大对基础研究和前沿探索的支持力度,设立专项基金鼓励科研机构与高校开展原创性研究,同时加强知识产权保护,营造有利于创新的良好环境。此外,建立跨部门协作机制,整合资源,集中力量攻克一批制约产业发展的核心技术瓶颈。例如,在基因组学方面,建设国家级的大数据中心,加速数据积累和共享,为后续的基因编辑技术研发提供坚实的数据支撑;而在药物研发中,科研部门通过构建智能化筛选平台,提高新药发现效率,降低研发成本。

二是加速成果转化应用,促进产学研深度融合。有了关键技术的突破后,如何将实验室里的科研成果迅速转化为实际产品和服务,是推动生命健康产业高质量发展面临的又一重要课题。加快建立和完善科技成果转移转化的服务体系,打通从"科学"到"技术"再到"市场"的全链条通道。一方面,要优化政策环境,简化审批流程,给予企业和创业者更多的自由度去尝试新的商业模式和技术路径;另一方面,强化企业作为技术创新主体的地位,引导社会资本积极参与早期项目孵化,形成多元化的投资格局。与此同时,积极搭建产学研合作平台,组织定期的技术交流活动,让科学家、工程师以及企业家能够面对面沟通对接,共同探讨市场需求和技术难点,确保研发方向始终

贴合社会需求。比如，针对当前肿瘤治疗领域的未满足需求，可以通过联合攻关的方式，加速抗癌药物的研发进程，并及时推向临床应用，这样既提高患者的生存质量，也为相关企业带来可观的经济效益。

三是强化人才战略，奠定长远发展基石。在推动生命健康产业高质量发展的过程中，人才是第一资源，也是最活跃、最具创造性的因素。推进实施更加积极有效的人才策略，构建一支规模宏大、结构合理、素质优良的专业人才队伍，确保我国在关键领域保持领先地位。推进教育体系进行适应性调整，增加生物医学工程、药学、健康信息学等交叉学科的设置，培养既懂医学又熟悉工程技术的复合型人才。设立高端人才引进计划，吸引海外顶尖科学家和技术专家为国效力或与之建立长期合作关系，为国内科研团队注入新鲜血液，拓展国际视野。重视在职人员的继续教育与职业培训，鼓励企业与高校、科研院所合作开展定制化的课程和项目，使从业人员能够紧跟行业发展动态，掌握最新的知识和技术。

（二）优化生命健康产业结构，推进产业集群建设

一是优化产业结构，促进资源高效配置。加大对传统产业升级改造，在新兴领域寻求突破，形成多元化、多层次的产业发展格局。一方面，对于制药、医疗器械等传统优势行业，加大技术创新投入，推动企业从仿制为主向自主创新转变，提升产品的附加值和技术含量。例如，鼓励药企开展首创新药研发，支持医疗器械制造商开发具有自主知识产权的核心部件和高端设备，以此增强国际竞争力。另一方面，积极培育生物技术、数字医疗、健康服务等新兴产业，通过政策扶持和资金引导，吸引社会资本参与，加速新业务模式的成长壮大。特别是在基因编辑、人工智能辅助诊疗等前沿技术方面，要抢占先机，建立一批高水平的研发中心和产业化基地，使我国在新一轮科技革命中占据有利位置。通过搭建公共技术服务平台，提供共享实验室、测试认证等一站式服务，降低中小企业进入市场的成本；还可以组织产学研用对接活动，促进知识流动和技术转移，让科研成果更快地转化为实际生产力。重视标准化建设工作，制定统一的产品质量和服务规范，为不同规模的企业创造公平竞争的市场环境。

二是推进产业集群建设，打造区域特色品牌。产业集群能够有效整合区域内的人才、资本、技术和信息等各类资源，产生显著的集聚效应，降低交易成本，提高整体竞争力。各地结合自身优势条件，规划布局一批特色鲜明的生命健康产业园区或特色小镇，如生物医药谷、医疗器械园等，集中力量打造具有国际影响力的产业高地。这些园区不仅要具备完善的基础设施和公共服务设施，还应当注重营造良好的创新创业氛围，吸引国内外顶尖企业和研究机构入驻，形成"龙头企业引领、中小企业协同"的良好生态。以长三角地区为例，该区域拥有丰富的科教资源和雄厚的制造业基础，在生命健康产业方面已经形成了较为完整的产业链条。为进一步强化其在全国乃至全球范围内的地位，可以重点发展精准医疗、细胞治疗等高端医疗服务，依托本地高校和科研院所的力量，建设国家级医学研究中心，吸引海外高层次人才回国创业。同时，利用物联网、云计算等新一代信息技术，探索智慧医疗新模式，为患者提供个性化健康管理解决方案。这样的集群化发展模式，不仅可以带动地方经济增长，还能塑造出一批知名的区域品牌，为中国生命健康产业赢得更多国际声誉。

三是推动产业链上下游协同，强化供应链韧性。构建紧密协作、资源共享的产业链生态系统，确保从研发设计到生产制造再到销售服务的每一个环节都能够无缝衔接，高效运作。对于制药企业而言，稳定的原料药供应是保证药品质量和连续生产的前提条件；而对于医疗器械制造商来说，高品质的关键零部件同样至关重要。各地通过组织供需对接会、建立在线交易平台等方式，帮助双方建立长期稳定的合作关系，降低采购成本的同时提高响应速度，促进上游原材料供应商与中游制造商之间的战略合作。同时，鼓励本土企业在关键原材料和零部件领域加大研发投入，逐步实现国产化替代，减少对外部市场的依赖，从根本上解决"卡脖子"问题。在中游制造环节内部，应强化不同规模企业间的分工协作。大型企业往往拥有较强的资金实力和技术优势，可以在新药开发、高端医疗设备研制等高难度项目上发挥主导作用；而中小企业则更加灵活机动，适合承担一些特定功能模块的研发或定制化产品的生产任务。设立产业联盟或行业协会，搭建信息共享和技术交流平台，使大中小企业之间形成优势互补、协同创新的良好格局。例如，可以由龙头企业牵头组建联合实验室或共性技术研发中心，集中力量攻克行业共性难题，同时为中小企业提供技术支持和服务，带动全行业技术水平的整体提升。下游的医疗服务机构和终端用户也应当积极参与产业链的协同发展。一方面，医院、诊所等医疗机构可以根据临床需求向生产企业反馈意见，指导产品改进方向，确保其更贴合实际应用；另一方面，患者群体作为最终消费者，他们的体验和评价直接反映了产品质量的好坏，能够为企业调整经营策略提供重要参考。因此，加快建立健全市场调研机制，定期收集各方声音，并及时传递给产业链各环节参与者，形成一个良性互动的循环体系。

（三）提升医疗服务能力，加强公共卫生体系建设

一是提升医疗服务能力，构建高效医疗服务体系。国家加大对基层医疗卫生机构的投入力度，通过改善基础设施条件、配备先进诊疗设备和引进高素质专业人才等措施，提高基层医疗机构的服务水平。例如，在全国范围内推广"互联网＋医疗健康"模式，建立远程医疗服务平台，让患者能够享受到大城市专家的会诊服务，从而缓解地区间医疗资源分布不均的问题。鼓励社会资本参与办医，支持民营医院、诊所的发展壮大，形成多元化、多层次的医疗供给格局，为公众提供更多元化的选择。加快公立医院改革步伐，推动管理体制和服务模式创新。一方面，深化人事薪酬制度改革，激发医务人员的工作积极性；另一方面，优化就医流程，缩短患者等待时间，提升就诊体验。加强专科建设和人才培养，针对肿瘤、心血管疾病等重大疾病设立专门的诊疗中心，集中力量攻克疑难病症。

二是加强公共卫生体系建设，筑牢健康安全防线。近年来，全球范围内的传染病疫情频发，如新冠疫情大流行，给各国带来了巨大挑战，也凸显了完善公共卫生应急响应机制的重要性。建立健全监测预警体系，利用大数据、人工智能等先进技术手段，实时监控疾病动态变化，提前发现潜在风险并迅速作出反应。例如，开发智能化疫情防控平台，整合多源数据，为决策者提供科学依据，指导防控策略制定。加强公共卫生人才队伍建设，培养一批既懂医学又熟悉应急管理的专业人员。他们可以在日常工作中负责健康教育宣

传、预防接种等工作,在突发事件发生时则能快速集结,承担起现场调查、救治指导等重任。为了吸引和留住优秀人才,除了提供有竞争力的薪酬待遇外,还应创造良好的职业发展空间,如设立专项培训项目、授予荣誉称号等激励措施。重视公共卫生基础设施建设,包括实验室检测能力、应急物资储备库等硬件设施,以及法律法规、政策标准等软环境,确保一旦出现紧急情况,能够立即启动应急预案,有效控制事态发展。

三是推动科技创新应用,引领医疗服务和公共卫生现代化。积极引入前沿科技成果,推动医疗服务和公共卫生体系的现代化转型。当前,生物技术、信息技术、新材料等领域的突破性进展正在深刻改变着传统医疗模式。例如,基因编辑技术(CRISPR)的应用有望为遗传性疾病带来根治性的治疗方法;而人工智能辅助诊断系统则可以通过分析海量病例数据,帮助医生更准确地判断病情,提高诊疗效率。加大对科研的支持力度,设立专项资金鼓励企业和科研院所开展原创性研究,加速新技术从实验室走向临床应用的步伐。数字医疗作为新兴业态正展现出巨大的发展潜力。搭建统一的电子健康档案平台,可以实现居民健康信息的互联互通,方便医生全面了解患者的病史,制定个性化的治疗方案。推动应用移动医疗程序,为用户提供在线问诊、健康管理等功能,促进全民健康意识的提升。加大普及智能穿戴设备,为慢性病管理提供新途径,持续监测用户的生理参数,及时提醒异常状况,降低并发症发生率。加快出台相应的政策措施,如规范数据隐私保护、简化审批流程等,营造有利于新业态发展的良好环境,确保这些创新成果惠及更多人群。

(四)开展国际技术交流,参与国际科研合作

一是开展国际技术交流,引进先进技术和管理经验。积极参与国际间的科研合作和技术转移,引进国外先进的技术和管理经验,加速国内企业技术水平的提升和创新能力的增强。鼓励和支持本土企业和研究机构与国际顶尖的生命健康组织建立广泛的合作关系,如签署合作协议、共建联合实验室等,确保双方在研发、生产和服务等各个环节都能实现资源共享和技术互补。例如,中国企业可以与欧美知名药企合作开发新药,借助其成熟的研发

平台和市场渠道,缩短产品上市周期;学习对方在药物安全性评估、临床试验设计等方面的最佳实践,提高自身的产品质量标准。利用国际会议、展览和论坛等平台,促进国内外专家学者之间的面对面交流,探讨最新的科研成果和发展趋势。有助于扩大视野,捕捉前沿动态,为未来的合作奠定基础。对于一些具有战略意义的技术领域,如基因编辑、细胞治疗等,通过设立专项基金或政策优惠吸引海外高层次人才回国创业或参与本土项目的建设。这些专家不仅带来了丰富的专业知识和宝贵的经验,还能够充当桥梁的角色,促进中外科技界的沟通与协作。完善相关法律法规,加强对知识产权的保护力度,营造一个公平透明的竞争环境,吸引更多外国企业来华投资设厂,共同探索新技术的应用场景,推动中国生命健康产业迈向更高层次的发展阶段。

二是参与国际科研合作,提升自主创新能力。国际科研合作不仅能够汇聚全球智慧,解决单一国家难以独立完成的重大科学问题,而且还是培养高水平创新人才的重要途径。一方面,加入国际大科学计划和多边合作项目,如人类基因组计划(HGP)、癌症登月计划等,让中国的科学家们站在巨人的肩膀上,参与最尖端的研究。这样通过与世界一流的科研团队并肩作战,不仅能获取最新的研究成果,还能锻炼队伍,积累宝贵的经验。另一方面,针对某些特定疾病或关键技术瓶颈,可以发起双边或多边的联合攻关行动,集中力量突破难关。比如,在抗疟疾药物的研发过程中,中国与非洲国家携手合作,不仅成功研制出了青蒿素这一里程碑式的药物,也为当地民众提供了有效的医疗援助,彰显了国际合作的力量。我国通过国际科研合作,可以逐步建立起一套符合国际标准的科研管理体系,促进国内科研生态系统的优化升级。从项目的立项评审到实施过程中的监督管理,再到最终成果的评价推广,都要遵循严格的规范和程序,确保每一个环节都经得起推敲。这有利于提高科研效率,减少重复劳动,激发研究人员的积极性和创造力。此外,积极倡导开放数据共享理念,打破"信息孤岛",让更多的科研工作者能够基于已有数据进行二次分析,产生新的发现。

第四节　未来产业与科技强国

一、未来产业的内涵和特征

(一) 未来产业的内涵

未来产业是建立在重大前沿科技突破基础上,代表着科技创新和产业升级的方向,具有前瞻性、战略性的新兴产业。当前处于孕育萌发阶段或产业化初期,尚未形成规模但发展潜力巨大的领域,着眼于满足未来社会经济发展的新需求,是催生新质生产力的重要引擎,包括未来制造、未来信息、未来材料、未来能源、未来空间和未来健康等方向。

(二) 未来产业的特征

1. 依托前沿技术

未来产业深度植根于前沿科技的发展与突破,如人工智能、量子信息、生物技术、先进制造、新能源等领域。这些技术突破不仅推动了传统产业的转型升级,还催生了新的产业形态和商业模式。例如,人工智能技术的广泛应用极大地提升了生产效率和服务质量,推动制造业向智能化、服务化转型。

2. 具有高成长性和强赋能属性

未来产业本身具有巨大的增长潜能,一旦技术跨越产业化的初期阶段,有望高速增长成为千亿级甚至万亿级的先导性产业。同时,未来产业能够广泛渗透至产业链上下游各个环节,赋能千行万业,催生新业态、新模式。例如,未来能源技术将推动能源生产、储运、消费全流程的绿色低碳化,创造新的能源消费模式。

3. 呈现交叉融合与协同发展趋势

未来产业的发展往往涉及多领域、多学科的交叉融合。技术之间、产业领域之间的深度渗透催生了"N＋X"新业态。例如,大数据、生物技术、材料科学与生产、消费、能源等应用场景的深度融合,有望催生一批未来产业新领域。这种跨领域融合不仅推动了技术创新,还促进了产业生态的协同发展。

4. 具有前瞻性和不确定性

未来产业着眼于未来的发展趋势和潜在需求,具有很强的前瞻性。例如,随着人口老龄化的加剧,基因编辑、干细胞与再生医学等未来生命科技将催生潜在的健康服务需求。然而,未来产业也存在较高的不确定性。其相关技术仍处于探索阶段,从技术突破到产业化应用面临诸多挑战,需要持续高强度的投入。

5. 创造新需求和拓展新空间

未来产业不仅可以满足现有需求,还能创造新的应用场景和消费需求。例如,元宇宙产业通过数字与物理世界的融合,为社交、娱乐、教育等领域提供了全新的沉浸式体验。此外,未来产业还帮助人们突破认知和物理极限,拓展新的发展和生存空间。

二、未来产业发展的重要意义

未来产业是对传统技术的颠覆,未来产业一旦成熟,将会释放出极强的爆发力,对经济、社会、生活等产生广泛的带动作用。强化自身科技创新实力、实现核心技术自主可控。特别是要瞄准类脑智能、量子信息、基因技术、未来网络、深海空天开发、氢能与储能等前沿科技和产业变革领域等未来产业战略必争点,打造未来发展新优势。

未来产业以前沿技术为核心驱动力,代表着科技和产业发展的新方向。在全球科技竞争日益激烈的背景下,发展未来产业是抢占国际科技制高点的关键举措。通过在量子计算、人工智能、基因编辑、新能源等前沿领域取得突破,我国能够在新一轮科技革命和产业变革中占据主动地位,赢得国际竞争的主动权。例如,量子计算技术的突破将为我国在信息安全、金融、生物医药等领域带来巨大的竞争优势。

未来产业是新质生产力的重要载体,能够通过技术创新和产业融合催生新的经济增长点。未来产业的发展不仅能够推动传统产业的智能化、绿色化、高端化转型,还能创造新的产业形态和商业模式。例如,可控核聚变和固态电池技术的发展将为能源领域带来革命性变化,推动能源产业的可持续发展。此外,未来产业的高成长性和强赋能属性使其能够广泛渗透到产业链的各个环节,带动上下游产业协同发展,成为经济增长的新引擎。

未来产业的发展高度依赖基础研究、原始创新和颠覆性技术突破。通过布局未来产业,我国能够进一步加强基础研究和前沿技术研发,提升自主创新能力。例如,我国在量子信息、脑科学、合成生物等领域的持续投入,不仅推动了相关技术的突破,还培养了一批高素质的科研人才队伍。这种自主创新能力的提升是实现高水平科技自立自强的核心支撑,也是迈向科技强国的必由之路。

未来产业的发展以满足未来人类经济社会发展的需求为目标,能够有效拓展新的投资和消费需求。例如,随着人工智能、元宇宙等技术的发展,人们的生活和工作方式将发生深刻变革,未来产业能够创造出更多满足这些新需求的产品和服务。此外,未来产业的发展还能够推动我国在全球科技治理中发挥更大作用,参与制定国际规则和标准。

三、推进未来产业高质量发展

(一)制定前瞻性规划,明确产业发展路线

一是政策引导与市场机制的有效结合是推动未来产业健康发展的关键。通过制定宏观政策框架,为未来产业的发展提供明确的指引和有力的支持。这包括完善财政、税收、金融等政策工具,加大对基础研究、前沿技术研发和创新基础设施建设的投入力度,引导社会资本参与未来产业的培育和发展。不断优化营商环境,简化行政审批流程,为未来产业的市场主体提供公平竞

争的市场环境。在市场机制方面,应充分发挥企业在未来产业创新中的主体作用,鼓励企业加大研发投入,积极参与前沿技术的探索和应用。通过建立产业联盟、创新联合体等形式,促进企业与高校、科研机构之间的深度合作,加速科技成果向现实生产力的转化。此外,还需注重知识产权保护,完善知识产权法律法规,加强知识产权的创造、运用和保护,激发创新主体的积极性和创造性。同时,要强化人才支撑,通过完善人才培养体系、优化人才引进机制,吸引和培养一批具有国际视野和创新能力的高素质人才队伍,为未来产业的发展提供智力保障。通过政策引导与市场机制的有机结合,我国未来产业将能够更好地适应全球科技革命和产业变革的趋势,为迈向科技强国提供坚实的动力和支撑。

二是注重区域协同与国际合作的深度融合。从区域协同角度来看,我国幅员辽阔,不同地区在资源禀赋、产业基础和创新能力上存在差异。因此,前瞻性规划应充分考虑区域特点,引导各地根据自身优势选择适合的未来产业方向,形成差异化、互补性的区域发展格局。例如,东部地区可依托强大的制造业基础和创新资源,重点发展未来制造、未来信息等产业;中西部地区则可结合资源优势,聚焦未来能源、未来材料等领域,实现区域间的协同共进,避免重复建设和恶性竞争,形成"全国一盘棋"的产业发展格局。在国际合作方面,未来产业的发展具有全球性特征,技术突破和市场拓展往往需要跨国界的交流与合作。积极参与全球未来产业的分工与治理,一方面,通过引进国外先进技术和管理经验,加速我国未来产业的起步和发展;另一方面,推动我国自主创新成果走向国际市场,提升我国在全球未来产业中的影响力和话语权。同时,我国还应加强与"一带一路"沿线国家和地区的科技合作,通过技术转移和产业共建,拓展未来产业的国际市场空间,构建开放、包容、互利的全球未来产业生态。

(二) 打造标志性终端产品,培育国际知名品牌

一是需聚焦核心技术突破与产品创新,明确未来产业的重点发展方向。根据工业和信息化部等七部门联合印发的《关于推动未来产业创新发展的实施意见》,未来产业应以传统产业的高端化升级和前沿技术的产业化落地为

主线,以标志性产品为抓手,推动科技创新与产业创新深度融合。具体而言,要突破下一代智能终端,包括适应通用智能趋势的工业终端产品、量大面广的消费级终端、智能适老的医疗健康终端,以及具有爆发潜能的超级终端,如高级别智能网联汽车和元宇宙入口设备。这些标志性产品的开发不仅能够满足数字生活、数字文化、公共服务等新需求,还能为我国在全球科技竞争中构筑新优势。

二是强化企业创新主体地位,推动产学研用深度融合。企业应成为未来产业创新的核心力量,通过与高校、科研院所共建新型研发机构,搭建科技研发平台和成果转化平台,加速技术突破与应用。同时,政府需通过政策引导,支持企业加大研发投入,落实首台(套)重大技术装备激励政策,加快新技术、新产品的市场化应用。此外,还需构建完善的创新生态,汇聚政产学研用等各方资源,推动创新链、产业链、资金链、人才链深度融合,为标志性终端产品的研发和推广提供全方位支持。

三是加强国际合作与标准制定,提升标志性终端产品的国际竞争力。支持国内企事业单位深度参与国际电信联盟(ITU)、国际标准化组织(ISO)、国际电工委员会(IEC)等国际标准化活动,组织产业链上下游企业共同推进国际标准研制。通过国际合作,推动我国未来产业的技术成果转化为国际标准,提升我国在全球产业链中的地位。同时,鼓励企业在全球范围内优化产业布局,拓宽主赛道,培育未来产业,形成系统完整、嵌合紧密的产业协同效应。通过技术创新、产业生态建设和国际合作的协同推进,我国未来产业将能够在国际标准制定中发挥更大作用,为迈向科技强国提供强大动力和支撑。

(三)打造跨界融合场景,开拓新型应用场景

一是聚焦社会需求痛点,开拓新型应用场景。未来产业的发展应以满足社会需求为导向,聚焦社会发展中的痛点问题,开拓新型应用场景。在城市治理方面,随着城市化进程的加速,交通拥堵、环境污染等问题日益突出。利用大数据、云计算、智能交通等技术,开拓智能交通管理、智慧环保监测等新型应用场景。通过实时采集交通流量数据,优化交通信号灯设置,缓解交通拥堵;利用传感器对环境质量进行实时监测,及时发现并处理环境污染问题,

提升城市治理的智能化水平。在民生服务领域，针对人口老龄化带来的养老问题，结合生物技术、智能设备等，开拓智慧养老服务场景。研发智能养老设备，如可穿戴健康监测设备、智能护理机器人等，实现对老年人健康状况的实时监测与生活照料，提高养老服务的质量与效率。同时，关注人们对高品质生活的追求，在文化娱乐、旅游等领域开拓新型应用场景，如虚拟现实旅游、数字文化体验等，满足人们日益增长的精神文化需求。通过聚焦社会需求痛点，开拓新型应用场景，为未来产业的发展提供广阔的市场空间。

二是构建跨界融合场景，推动产业协同发展。充分发挥我国产业门类比较齐全、产业链条比较完整的优势，推动不同产业之间的深度融合。通过政策引导，鼓励企业打破行业壁垒，实现资源共享、优势互补。加大科技创新力度，以新技术、新业态为纽带，促进产业链上下游企业紧密合作。搭建跨领域的创新平台，汇聚多学科的专家与资源。以物联网与制造业的融合为例，通过建设工业互联网平台，整合传感器技术、通信技术、数据分析等多领域的技术与人才，实现生产设备的互联互通、生产过程的智能化管理，打造智能制造的全新模式，提高制造业的生产效率与竞争力。我国通过这种科技协同创新与产业跨界融合，催生更多具有创新性与竞争力的未来产业。

（四）培养高素质人才，加强合作与交流

一是构建全方位、多层次的人才培养模式。一方面，要深化高等教育改革，优化专业设置，紧密围绕人工智能、量子计算、生物技术、新能源等前沿领域，开设交叉学科课程，打破学科壁垒，培养复合型人才。例如，通过建立跨学科研究平台，鼓励计算机科学与生物学、物理学与材料科学等学科之间的深度合作，让学生在学习过程中能够接触到多元化的知识体系，拓宽思维视野。另一方面，要强化职业教育与技能培训，为未来产业提供大量高素质的技能型人才。随着智能制造、工业互联网等产业的兴起，对高技能人才的需求日益迫切。因此，应加大对职业教育的投入，完善实训基地建设，加强校企合作，推行"双元制"教育模式，让学生在实践中掌握精湛技艺，成为未来产业的中坚力量。同时，要注重培养人才的创新精神和创业能力，通过设立创新创业课程、举办科技竞赛、搭建创业孵化平台等方式，激发学生的创新热情，

鼓励他们将所学知识转化为实际生产力,为未来产业的发展注入新的活力。

二是打造良好的科研环境和产业生态。政府应加大对科研投入的支持力度,设立专项基金,鼓励高校、科研机构和企业开展前沿技术研究,为高素质人才提供广阔的研究平台。在科研项目申报、评审和成果转化过程中,要建立公平、公正、透明的机制,充分尊重人才的创新成果,激发他们的积极性和主动性。同时,要优化产业布局,培育壮大未来产业集群,为高素质人才创造丰富的就业机会和发展空间。以新能源汽车产业为例,近年来我国在电池技术研发、智能驾驶系统开发等方面取得了显著进展,这得益于政府对新能源汽车产业的大力扶持和对相关人才的积极引进。这样通过打造完整的产业链条,从上游的电池材料研发到下游的整车制造与销售,吸引了大量高素质人才投身其中,推动了产业的快速发展。此外,要积极营造良好的创新创业氛围,加强知识产权保护,完善科技金融体系,为高素质人才的创新创业活动提供全方位的支持。通过举办创新创业大赛、科技成果转化对接会等活动,促进人才与资本、技术与市场的深度融合,加速科技成果向现实生产力的转化,推动未来产业的蓬勃发展。

三是要加强国际合作与交流。科技发展无国界,高素质人才的培养也需要在国际视野下进行。一方面,要积极引进海外高端人才,通过制定优惠政策,吸引海外高层次人才回国创新创业。这些人才不仅带来了先进的技术和管理经验,还带来了国际化的视野和创新理念,能够为我国未来产业的发展注入新的活力。另一方面,要鼓励国内人才"走出去",通过国际学术交流、联合研究项目、海外研修等方式,让他们接触到国际前沿的科研成果和先进的产业模式,提升自身的国际化水平。同时,要加强与国际知名高校、科研机构和企业的合作,建立联合实验室、国际科技合作基地等平台,开展高水平的科研合作与人才培养项目。通过国际合作,共享全球科技资源,提升我国在国际科技领域的影响力和话语权,为高素质人才的成长创造更加有利的外部环境。

第四章
打造人才高地推动强国建设

习近平总书记指出："办好中国的事情，关键在党，关键在人，关键在人才。"在建设科技强国的进程中，人才是基础，是重要支撑。人才作为"第一资源"，在以中国式现代化全面推进强国建设、民族复兴伟业中具有十分重要的作用。党的二十大报告将人才强国战略作为我国的重要发展战略之一，与科教兴国战略和创新驱动发展战略并列为我国教育科技人才领域的三大战略，并将人才置于第一资源的重要地位。在人才强国战略实施过程中，必须充分发挥党的思想政治优势、组织优势、密切联系群众优势，全面实现人才工作对建设科技强国的支撑作用。

第一节　创新人才培养方式

一、培养拔尖创新人才

习近平总书记在党的二十大报告中指出，"科技是第一生产力、人才是第一资源、创新是第一动力"。人才是创新的第一资源，创新驱动本质上是人才驱动。要加快发展新质生产力，就应以人才培养理念及高等教育体系之"新"，促进人才培养质量之"质"，为新质生产力提供强有力的"拔尖创新人才"保障。"拔尖创新人才",不是指特定类型、标准统一的某类人才,而是不同类型、不同行业的拔尖创新人才。在需求端,世界新一轮科技革命和产业变革的浪潮正席卷全球。互联网、人工智能等新技术的发展重塑着教育形态,改变着知识获取方式和传授方式,同时也引发了经济社会发展对创新人才需求的重大变化。培养拔尖创新人才是实施人才强国战略的重要支撑,也是新时代学校教育的重大责任使命。在供给端,我国高校培养拔尖创新人才的能力不足,拔尖创新人才呈现出明显的结构断层现象。当前,世界百年未有之大变局正加速演进,国际局势错综复杂,培养一大批拔尖创新人才日益成为关系到产业经济安全乃至民族复兴的重要事业。

(一) 拔尖创新人才培养背景

习近平总书记指出:"创新是一个民族进步的灵魂,是一个国家兴旺发达的不竭动力,也是中华民族最深沉的民族禀赋。""在激烈的国际竞争中,惟创新者进,惟创新者强,惟创新者胜。""创新驱动"是我国重大的国家战略,建设创新国家是我们的伟大目标,其共同基础就在创新人才。党的二十届三中全会通过的《中共中央关于进一步全面深化改革　推进中国式现代化的决定》(以下简称《决定》)指出,要建立科技发展、国家战略需求牵引的人才培养模式,加强基础学科、新兴学科、交叉学科拔尖人才培养,着力加强创新能力培养。中共中央、国务院印发了《教育强国建设规划纲要(2024—2035 年)》提到,要完善拔尖创新人才发现和培养机制,着力加强创新能力培养。

从国际形势来看,世界百年未有之大变局加速演进,国际局势错综复杂。根据世界知识产权组织(WIPO)发布的《2023 年全球创新指数报告》,我国创新指数排名第 12 位,并在全球百强科技集群数量上首次超过美国。然而也要看到,我国实现科技自立自强仍面临严峻形势,面对关键核心技术受制于人的外部格局和科技创新能力亟待提升的内部困局,要把创新主动权、发展主动权牢牢掌握在自己手中,从根本上要靠自主培养的一大批践行"四为"(即:为人民服务,为中国共产党治国理政服务,为巩固和发展中国特色社会主义制度服务,为改革开放和社会主义现代化建设服务)方针的拔尖创新人才。

从我国发展形势来看,当前和今后一个时期,是以中国式现代化全面推进强国建设、民族复兴伟业的关键时期，更需要进一步凝心聚力，以进一步全面深化改革应对重大风险挑战、推动党和国家事业行稳致远。而推进改革的关键在人，只有建成、建强一支规模更加宏大、素质更加优良、结构更加优化、作用更加突出的拔尖创新人才队伍，才能实现中华民族伟大复兴的宏伟目标。

从教育强国建设来看，在全面建设社会主义现代化国家和实现中华民族伟大复兴的时代进程中，教育是基础、科技是关键、人才是根本。中国式现代化需要科技创新，科技创新需要拔尖人才，而拔尖人才的培养需要高质量教育。因此，必须从国家战略的高度把握拔尖创新人才培养，加快构建与科技发展、国家战略需求相适应的人才培养体系，更好服务和支撑强国建设、民族复兴伟业。

（二）拔尖创新人才培养要求

党的二十大报告将深入实施科教兴国战略、强化现代化建设人才支撑作为推进民族复兴大业的重要路径，将教育、科技、人才一体化统筹部署，将其作为全面建设社会主义现代化国家的基础性、战略性支撑，提出全面提高人才自主培养质量，着力造就拔尖创新人才，这对提升高校拔尖创新人才自主培养质量提出了迫切要求。加强拔尖创新人才选拔培养，可以提高国家创新体系整体效能、增强自主创新能力，为中国式现代化提供强有力的关键性支撑与动力源泉。

瞄准国家重大战略需求和科技发展需要。支撑引领中国式现代化，是教育强国的核心功能。拔尖创新人才的培养要瞄准国家重大战略需求和科技发展需要，聚焦基础学科、新兴学科、交叉学科领域拔尖创新人才培养改革，探索建立科技发展、国家和区域战略需求牵引的拔尖创新人才培养新模式，进一步强化实践能力和创新能力，助力实现2035年教育强国建设目标，全面增强教育对实现中国式现代化的战略支撑能力。

统筹推进教育科技人才体制机制一体改革。党的二十大报告首次对教育、科技、人才作了"三位一体"统筹安排与部署，党的二十届三中全会通过的《决定》鲜明提出要统筹推进教育科技人才体制机制一体改革，充分体现了党中央对现代化进程和强国建设规律的准确把握。必须牢牢把握"育人"这一关键点,充分发挥科技第一生产力、人才第一资源、创新第一动力的重要结合点作用,以体制机制的一体改革保障拔尖创新人才自主培养质量。

(三) 创新拔尖创新人才培养模式

当前,培养多元化拔尖创新人才,要敢于打破"圈养""富养"的固定模式,探索人才培养的创新模式。拔尖创新人才的培养模式需结合动态化、类型化和多样化的特点。例如,北京师范大学提出要整合多学段表现的多维识别,基于阶段性表现、多样性标准和特殊性需求,展开动态化、类型化、保障性识别,同时注重中高职衔接的连贯教学和跨界融合的创新培养模式。此外,浙江大学也强调了拔尖创新人才的培养需要从多学科交叉、实践能力强化和导师制引导等角度入手。我国拔尖创新人才培养模式应从拔尖创新人才培养的实施主体、培养过程、教学内容和能力培养等维度分析,可采取联合培养、贯通培养、学科交叉、项目驱动、数字赋能等模式培养拔尖创新人才。

一是联合培养模式。以人才培养主体为视角,在课程教学、教材建设、论文选题、基地建设、导师制度等方面,实现国内高校之间,国内高校与国外高校,高校与企(事)业单位、科研院所等培养主体间联合协同的一种培养模式。例如,"政校行企"协同育人模式涵盖了基础型、综合型和创新型三种协同方式,旨在通过多方合作提升学生的实践创新能力。

二是贯通培养模式。"贯通式"创新型人才培养模式作为一种能够打破教育阶段壁垒、实现教育连续性和系统性的培养方式,对于培养具有深厚专业知识、广阔视野、创新思维和实践能力的高素质人才具有重要意义。通过构建"直通式"教育创新平台,将高年级本科生与硕士、博士教育阶段贯通,实行"2+X+X准研究生"培养模式,培养拔尖创新人才。

三是学科交叉模式。就是按照新工科、新文科、新医科、新农科的理念,实施多个学科联合、合作培养复合与交叉型创新人才。通过学科交叉,实现学科门类间的知识融合,达到开阔学生专业视野、强化专业综合素质、提升创新能力的目的。北京理工大学通过"大系统导向"的复合型拔尖创新人才培养模式,构建了本硕博贯通的多学科交叉知识体系,并通过校企合作、学科协同等方式实现了人才培养的共赢。宁波大学阳明创新班探索了"六融合"拔尖创新人才培养模式，强调教学与科研的良性互动。

四是项目驱动模式。就是以国家重大工程中的复杂工程实践能力培养为导向，以课程体系及培养方案为载体，构建校企融合、互动的动态化人才培养机制，培养解决复杂工程问题的卓越工程技术人才。东北大学秦皇岛分校通过"做中学"的特色机制和实践平台培养模式，引导学生参与研究性学习，实现科研能力与实践能力的交叉贯通。

五是数字赋能模式。探索数字赋能大规模因材施教、创新性教学的有效途径，主动适应学习方式变革。制定完善师生数字素养标准，深化人工智能助推教师队伍建设。打造人工智能教育系列大模型。建设云端学校等。建立基于大数据和人工智能支持的教育评价和科学决策制度。同时，面向数字经济和未来产业发展，加强课程体系改革。

（四）完善拔尖创新人才培养机制

优化拔尖创新人才知识供给体系。在课程体系建设上，提升基础课程的理论深度、广度和难度，强化学科基础知识传授的完整性、递进性和扎实性，重视学生对数学、物理、化学、计算思维等重要基础课程的学习成效；以关键共性技术、前沿引领技术、现代工程技术、颠覆性技术创新所需知识体系为基本逻辑，将前沿科学与高新技术相结合，打造紧跟科学前沿、紧盯技术进展的专业课程体系；组织国内外学术大家、产学研技术专家讲授前沿课程、选修课程，以"宽厚实新"标准夯实劳动者理论基础。在实践体系建设上，将高质量科研训练纳入拔尖创新人才培养方案，完善高水平成果产出导向的学位标准，设立关键核心技术攻关创新基金项目，健全导师制度，帮助学生更快更好开展科研实践和自主创新。不断打造优质知识供给体系，加快提升现代劳动者的理论水准和实践素养。

建立国家特殊人才专门机构体系。受传统观念的影响，我国天才教育特别是基础教育阶段的天才教育长期未得到足够重视。然而，当下我国迫切需要拔尖创新人才的不断涌现，以引领我国各领域尤其是科学技术领域高质量发展。据教育部发布的《2022年全国教育事业发展基本情况》，我国义务教育阶段在校生数量1.58亿人次，高中在校生数量2 713.87万人次，若按照美国斯坦福大学教授刘易斯·推孟(Lewis Terman)"1%天才儿童"比例计算,我国至少有 180 万有潜质的拔尖创新人才待发掘。从德国的实践来看,种类多样的特殊人才机构是保障其天才发现与培养的重要因素。在天才发展的早期阶段,德国的社会机构承担着甄别天才和促进天才成长的职责,"在促进和支持有才能的儿童方面,学校以外的组织和机构首先照顾到高能力儿童的具体需求"。而这些机构包括各类家长协会、德国天才儿童协会、天才教育协会、人才研究和天才教育协会,以及与工业公司有关的各类基金会等。可见,当前革新人才选拔培养观念,破除教育形式公平桎梏,树立多元的人才教育观,是我国创新人才选拔培养模式的重要前提。为满足天才儿童的早期教育发展需要,特别是预防和解决天才儿童由"成熟的智力水平"与"不成熟的经验"冲突导致的心理或情感障碍问题,建立由政府主导,学校及社会、企业等参与共建的多样化、多层次、多功能特殊人才专门机构体系显得尤为必要与迫切。

完善拔尖创新人才科研平台设施。高水平科研平台设施不仅能为高质量基础研究、应用研究提供有力支撑,也是培养能够掌握关键核心技术的拔尖创新人才的前提条件。实践证明,依托一流科研平台设施是促进优秀成果产出、加快科技人才成长的重要路径。以中国科学技术大学为例,学校全面参与国家实验室建设,充分发挥重大科研平台的作用,全力推动各层次人才依托高水平科研平台干事创业,在科研攻关中大胆鼓励各学科人才"揭榜挂帅",涌现出了一批优秀人才。自主培养拔尖创新人才,必先为其建设配备完善、先进的科研平台设施,使其能够运用现代劳动工具开展更高水平的科研实践活动。

健全拔尖创新人才激励评价制度。加大对基础研究和关键核心技术攻关主体的关爱支持力度,为承担"卡脖子"技术项目的青年科技人才、敢于挑战"卡脖子"技术难题的优秀学生"鼓气加油、站台撑腰",健全长周期、差异化支持机制,赋予青年科技人才、青年学生更大的科研资源支配自主权。要"破四唯"和"立新标"并举,加快建立以创新价值、能力、贡献为导向的科技人才评价体系。全力做好"建立科技成果五元评价机制"专项试点工作,完善以基础研究、应用研究、技术开发和产业化等方面成果为激励对象的评价机制,将成果评价改革与项目、人才、奖励等方面进行有机结合，构建符合基础研究规律、科技攻关规律和人才成长规律的新型评价体系。依托完善的激励机制和评价制度，鼓励科技人员摒弃"短平快"式科研思维，坐住坐稳"冷板凳"，在深化认知、科学改造现代劳动对象过程中产出更大成果、作出更大贡献。

优化人才评估机制。科学有效的人才识别和选拔技术，是培养拔尖创新人才的根本需要。当前，我国要加强拔尖创新人才的自主培养，首先要重视拔尖创新人才的早期发现和有效选拔。一方面，政府应推动或鼓励民间机构加大与人才识别相关的评估研究，包括智力评估与非智力评估研究、语言能力评估与非语言能力评估研究，既要关注学生的先天智力，也要关注学生的学术潜力，还要关注到语言表达技能有限的学生，不以单一的分数或智力的标准判断人才。应深入推进我国高校招生模式改革。从美、德、日的高校招生录取机制来看，考试成绩并不是评判能力的唯一标准，我国受到优绩主义的影响，分数在招生录取中仍起着决定性作用，导致中小学生时刻面临着极大的考试压力。而在特殊人才培养没有后续保障、回报不稳定的情况下，学校和家长均无法为此投入过多精力，因此，完善相关人才制度，特别是应在政策、法律等方面为拔尖创新人才的选拔培养提供有力支撑，包括升学、就业等方面的优惠待遇等。对于边远地区和贫困地区的特殊人才，可采取以地方重点学校为主要阵营，鼓励学校发掘特殊人才。另外，深化推动高考改革，还应开发多种人才选拔手段，鼓励高校与中小学合作，对中小学选拔和推荐的人才进行特殊评估考核，为有潜力的拔尖创新人才开辟入学"绿色通道"，以实现"早发现，早培养，精培养，早成才，成大才，贡献大"的人才培养目标。

搭建拔尖创新人才信息共享网络。为完善我国拔尖创新人才选拔培养机制，需要充分调动社会、企业、家庭等第三方主体的积极性，由第三方主体为拔尖创新人才的选拔培养提供更广阔的实践平台。从美、德、日的拔尖创新人才选拔培养体系来看，社会机构、企业和家庭等社会主体都扮演了重要的参与者角色。这些社会主体从不同的角度发挥着不同的人才选拔与培养功能，最终形成拔尖创新人才选拔培养合力。我国虽在高等学校层面积累了较为丰富的拔尖创新人才选拔培养经验，但尚未形成由多种社会主体参与构成的拔尖创新人才选拔培养系统。

二、加快建设高质量教育体系

中央全面深化改革委员会第二十四次会议审议通过了《关于加强基础学科人才培养的意见》，强调要全方位谋划基础学科人才培养。相关部门积极探索拔尖创新人才早期发现和选拔培养机制，实施本硕博一体化人才培养改革；部署实施"强基计划"，建设基础学科拔尖学生培养基地；瞄准未来前沿性、革命性、颠覆性技术发展，打破传统学科专业壁垒，促进学科专业深度交叉融合发展。此外，针对青年科研人员面临的展露才能机会少、成长通道窄、评价考核频繁、事务性负担重等突出问题，开展了减负专项行动。

（一）构建公平优质的基础教育体系

基础教育是"基点"。基础教育是国民教育体系的基础，是提高民族素质的基础工程，也是人民群众普遍关心关注的领域。我国基础教育具有点多、线长、面广、量大等特点，有近 50 万所中小学幼儿园、1 600 多万名教师、2.3 亿名在校学生，不同地方学校管理水平存在较大差异。建设高质量基础教育体系必须突出公平性，强化优质性，这意味着要确保每个孩子都能享受到公平而有质量的教育。义务教育是国民教育的重要组成部分，其重点是加快义务教育优质均衡发展和城乡一体化，优化区域教育资源配置。在持续巩固"普九"成果的基础上，要不断强化学前教育、特殊教育普惠发展，探索扩大免费教育范围。统筹推进市域内高中阶段学校多样化发展，加快扩大普通高中教育资源供给，探索设立一批以科学教育为特色的普通高中，办好综合高中，深入实施县中振兴计划；引导规范民办教育健康发展。

（二）构建自强卓越的高等教育体系

高等教育是"龙头"。高等教育的质量和水平是综合国力和国际竞争力的体现。全面提高人才自主培养质量、培养拔尖创新人才，快速提高服务国家和区域经济社会发展的能力。优化高等教育布局，分类推进高校改革，完善"双一流"建设，支持高水平研究型大学建设，建立科技发展、国家战略需求牵引的学科设置调整机制和人才培养模式，超常布局急需学科专业，加强基础学科、新兴学科、交叉学科建设和拔尖人才培养，着力加强创新能力培养。完善高校科技创新机制，提高成果转化效能。强化科技教育和人文教育协同，完善学生实习实践制度。鼓励国外高水平理工类大学来华合作办学。

构建产教融合的职业教育体系。深化职普融通、产教融合，加快构建现代职业教育体系，着力培养更多高素质技术技能人才、能工巧匠、大国工匠。深入推进"一体两翼"，塑造多元办学、产教融合新形态。深化省域现代职业教育体系建设改革，推进市域产教联合体、行业产教融合共同体的试点、示范和标准建设。推动校企在办学、育人、就业等方面深度合作，形成发展命运共同体、经济社会与教育同步发展的良好生态。培养高素质复合型技能人才，推动人才培养模式改革，为学生成长成才提供多样化路径选择。提升职业学校关键办学能力，稳步发展职业本科教育，建设一批高水平职业院校和专业，建设"少而精"的中等职业学校，优化技能人才成长政策环境，重塑职业教育发展新体制。

（三）构建泛在可及的终身教育体系

终身教育体系是提升全民文明素质和社会文明程度、丰富人民学习生活、提高人民生活质量的基础。建设高质量终身教育体系，关键是提供丰富优质的学习资源，满足各类人群多样化的学习需求。充分发挥在线教育的优势，加快学习资源共享平台建设，畅通学习渠道，为人人皆学、处处可学、时时能学提供优质、高效、便捷的服务，助力教育强国建设。职业学校、高等学校要发挥学习资源丰富的优势，满足学习者知识更新、能力提升和职业转化等不同需求。重视成人继续教育、社区教育和老年教育发展，为不同行业、不同区域、不同群体提供高质量的学习和教育服务。

（四）扩大高水平教育对外开放

扩大高水平教育对外开放是建设高质量教育体系的重要路径。必须完善教育对外开放战略策略，统筹做好"引进来"和"走出去"两篇大文章，有效利用世界一流教育资源和创新要素，建设具有强大影响力的世界重要教育中心。重点放在提升全球人才培养和集聚能力方面,拓展拔尖人才全球培养网络,充分发挥高校在高质量人才培养、高层次人才集聚、高水平科研创新中的主力军作用,加强复合型国际化人才培养和输送能力。加强"留学中国"品牌和能力建设,吸引海外优秀人才来华交流学习。进一步扩大中外青少年交流,提升高等教育海外办学能力,完善职业教育产教融合、校企协同国际合作机制,扩大国际学术交流和教育科研合作,完善科研机构及师生与国外的双向合作机制。要深化与联合国教科文组织的合作,不断扩展同其他国际组织和多边机制的合作,更加有效深入地参与全球教育治理,在学习借鉴全球教育变革的先进经验、服务好中国教育现代化的同时,以中国方案、中国经验为全球教育变革贡献更多智慧和力量。

三、厚植专业技术人才力量

党的二十届三中全会《决定》提出,建设一流产业技术工人队伍。《中共中央　国务院关于深化产业工人队伍建设改革的意见》,提出"以培养更多大国工匠和各级工匠人才为引领,带动一流产业技术工人队伍建设"。人力资源社会保障部门着力健全政策举措,促进技能人才培养提质加速。推进实施高技能领军人才培育计划,围绕国家重大战略、重大工程、重大项目、重点产业需求,动员和依托社会力量,在先进制造业、现代服务业等有关行业重点培育领军人才。推动职业技能培训高质量开展。推行终身职业技能培训制度,聚焦先进制造、战略新兴产业、数字经济、养老托育等重点领域开展培训。

(一) 释放高端人才创新活力

紧扣国家战略需求和地方产业发展需要,释放博士后创新创业活力。博士后制度是培养高层次创新型青年人才的一项重要制度。人力资源社会保障部加强博士后青年人才培养,优化实施以"博新计划"为重点的国家资助博士后计划。江苏"卓越博士后计划"紧扣国家和省重大专项、前沿技术和重大科学研究、先进制造业产业集群发展需求,遴选资助国内外优秀博士从事博士后研究。云南"彩云博士后计划"加强高层次人才引育,对符合重点产业需求的博士后研究人员,给予招收、培养、留用全链条资助。湖北出台《关于加强新时代博士后工作的若干措施》,实现"资助全覆盖、培养全链条、力量全整合、政策走前列",在鄂博士后受资助最高超过 150 万元。天津成立最高 2 000 万元的"天津银行博士后创新创业基金",支持博士后优秀科技项目成果转化、创业企业科技研发和产业促进,举办"海河英才"博士后揭榜领题赛决赛。宁夏探索建立企业博士后产权激励制度。福建探索建立市场化运作的省级博士后科研基金,支持有条件的地方设立博士后创新创业基金,引导社会资本投入,加快科研成果转化。博士后大赛不仅是展示科研成果的"练兵场",更是促进科研成果落地转化的"加速器"。山东、河南、陕西、新疆等地举办博士后创新创业大赛;第二届粤港澳大湾区博士博士后创新创业大赛决赛在广州举行,海外赛区报名项目翻倍,奖金总额逾千万元,吸引超万人报名。

(二) 凝聚数字人才培育合力

人力资源社会保障部、中共中央组织部等九部门印发《加快数字人才培育支撑数字经济发展行动方案(2024—2026 年)》,开展数字人才育、引、留、用系列专项行动,持续开展数字技术工程师培育项目。黑龙江、河北、北京、四川、安徽、内蒙古、广东、上海、湖北、山东等地先后出台具体措施,打出政策"组合拳",提升数字人才自主培养能力、畅通数字人才成长机制,以企业、高校、培训机构等为主体,聚点成面凝聚数字人才培育合力。

(三) 强化技能人才培养平台

强化技能人才培养载体建设。累计支持建设 1 176 个国家级高技能人才培训基地和 1 475 个技能大师工作室。健全国家职业分类体系和新职业信息发布制度,积极挖掘、培育新的职业序列,向社会发布 19 个新职业、28 个新工种,制定修订职业标准,颁布 55 个国家职业标准,为职业人才培养和评价打牢基础。强化各类竞赛平台,强化以世界技能大赛为引领、中华人民共和国职业技能大赛为龙头、全国行业和地方各级职业技能竞赛以及专项赛为主体、企业和院校职业技能竞赛为基础的中国特色职业技能竞赛体系建设,激励更多劳动者特别是青年走技能成才、技能报国之路。

第二节　强化人力资源管理

2021年9月,习近平总书记在中央人才工作会议上提出了"坚持党管人才,……深入实施新时代人才强国战略,全方位培养、引进、用好人才";2022年10月,他在中国共产党第二十次全国代表大会上提出了"深入实施人才强国战略";2023年7月以来,他又提出关于"新质生产力"的重要论述。过去五年,国家持续推进央国企改革,提出一系列战略举措,包括三年又三年专项行动计划、深化三项制度改革、三个标杆建设以及从对标世界一流到创建世界一流的总体要求。从整体上,国家迫切希望加快创建世界一流企业管理,也包含世界一流的人力资源管理。

一、我国人力资源管理演进阶段

(一)计划经济下的劳动人事管理

中华人民共和国成立后,工人阶级当家作主,其积极性被极大地调动起来,政治激励和思想激励作为激励形式广泛存在,为新中国成立后早期的工业体系建设,作出了重要贡献。从现在的眼光看,从1949年新中国成立到1978年,中国并不存在西方意义上的"人事管理"。当时企业人员被分为干部和工人,其中管理人员和专业技术人员一般属于"干部"身份,与政府公务员一样被纳入国家的干部管理体系或"人事管理体系",这些人主要来源于大中专院校毕业生、部队转业干部,还有一小部分是从工人中选拔。当时的人力管理指的就是国家干部的选拔、使用、晋升、考核、奖惩等体系。广大的工人则纳入"劳动管理"体系。这个时候"人事管理"和"劳动管理"的主要内容包括:国家分配的劳动力接受和安置、劳动定额与定员、在职职工的业务技术培训、劳动组织的调整和完善、贯彻国家的有关工资政策和制度完成统一规定的工资调整、职工保险福利管理、劳动保护等。在这期间，也涌现出一些优秀实践，例如"鞍钢宪法"。鞍钢宪法是鞍山钢铁公司于 20 世纪 60 年代初总结出来的一套企业管理基本经验。这一时期的劳动人事管理具有鲜明的时代特色，工人积极性高，社会地位高，也进行了卓有成效的劳动人事管理探索。"鞍钢宪法"启发了后来《华为基本法》的形成。但与西方比较，我们确实缺少利益引导和报酬刺激。一方面，在缺少市场竞争的条件下，企业强化内部管理、提高生产效率的动力不足；另一方面，企业也缺乏激励的手段和完整的人事管理理论和工具，生产效率较低。

（二）经济转型期的劳动人事管理

中国于 1978 年开始经济体制改革，国家首先通过实施农村家庭联产承包责任制，将一大批农业劳动力从土地上释放出来，乡镇企业在 20 世纪 80 年代发展很快，1988 年 4 月通过的第一个宪法修正案，确立了私营企业的合法地位，推动了民营企业的大发展。从 1979 年开始的十年间，陆续设立了 5 个经济特区（最初名为"出口特区"）和 14 个沿海开放城市，外资企业从 1980 年进入中国。国有企业改革也逐步展开，从放权让利到承包经营，再到厂长（经理）负责制以及扩大企业经营自主权等。首钢就是在这一改革时期涌现出的承包制典型，首钢总结出《工业企业的组织管理法》在干部问题、严密地组织队伍、挂钩分配、依靠党组织、依靠群众、赏罚严明、锻炼作风、抓好生活等人力资源活动方面进行了周密的研究和实践。其中挂钩分配为员工激励探索出了一条企业发展与员工激励双赢的政策，"首钢每年上缴利润递增 7.2%，超包利润除再交能源交通建设基金等各种税费以外，全部留给企业，由企业自由分配，工资奖励办法可以自己制定，而不用等国家的统一规定"。整体上看，1993 年之前的改革整体上还是在计划经济框架之内的修补，总的经济体制没有发生根本的变革，上一个阶段的人事管理烙印仍然很深。1978 年国营工厂开始恢复奖金制度，1980 年开始在中外合资经营企业中实行劳动合同制，1982 年在全国试行劳动合同制，1986 年在国营企业中全面推行劳动合同制。1992 年国务院颁布《全民所有制工业企业转换经营机制条例》后，国有企业的用工自主权才正式落实，企业可以自主决定招工的时间、条件、方式、数量。这一阶段的国有企业改革是以打破铁饭碗、铁交椅、铁工资的"破三铁"为主线的;外资投资企业的进入为中国引入了一些先进的西方管理经验,给中国的管理带来了新的内容,例如通用电气、中国惠普都是这个时期的佼佼者。发展起来的乡镇企业有灵活的人事管理机制,但大多数还处在学习时期。

(三)与市场机制匹配的专业人力资源管理

1993 年,社会主义市场经济体制正式在中国确立。1998 年,国有大中型企业开始公司化改制。经济体制改变使得广大的组织发现无论从认知、原则还是行为上,原有的劳动人事管理已无法适应需求。因此各地掀起了广泛的学习热潮,人力资源作为一种宝贵的资源被广泛接受。1993 年,中国人民大学率先将原来的人事管理专业正式更名为人力资源管理专业。《企业人力资源管理人员国家职业标准(试行)》于 2003 年颁布,2007 年修订为《企业人力资源管理师国家职业标准》。依照既定的标准,经过规定的培训,再通过相应的职业资格鉴定,就可以获得企业人力资源管理人员的任职资格,在全国范围内通用。人力资源管理咨询工作在这个时候纷纷涌现,人力资源培训和理论学习与研究进入十分活跃的状态。1994 年,新中国成立以来的首部《劳动法》通过,1995 年开始正式实施,同时正式推行最低工资制度。这一时期,符合市场经济体制需要的养老、医疗、工伤、失业、生育方面的社会保险制度逐渐推行开来,为人力资源市场的运行及其作用发挥创造了条件。应该说,这个阶段是经济体制转型后的"补课期",一直延续到 2007 年。一些优秀的企业也逐渐找到适合中国国情的人力资源管理模式,华为、美的、平安保险、华润、腾讯等一批企业开始迅速地成长起来。

(四)全球竞争中的中国人力资源管理

中国于 2001 年加入世界贸易组织(WTO),2008 年举办北京奥运会,成为中国与世界深入融合的标志。2008 年以后,中国网民数量首次跃居世界首位(超过美国),2009 年开始,移动互联网兴起,电子商务规模超过美国,这些发展给中国企业带来新的机遇,"互联网 + "成为各行各业的时髦手段,中国的互联网应用开始领先世界，也为人力资源数字化发展带来了极大的机遇。互联网时代，知识型员工密集、创新能力和自我意识强、流动率高成为这个行业的典型特征，由于流动率高，也带动了互联网创业热潮，似乎每个行业都应该站在互联网视角重新设计。与此同时，2008年美国次贷危机引发了国际经济危机，2018年开始的中美贸易战逐渐深入，2023年美国计划对中国发展芯片、人工智能、量子计算进行进一步的投资限制，说明中美双方的地缘政治竞争到了一个新高度。此外，产业结构升级还未见明显成效，劳动力成本持续上升，都使得中国企业在人力资源管理上面临更大的挑战。人力资源管理方面，裁员、降薪、重组成为一些组织不得不面对的人力资源管理主题。这一时期，政府进一步加强了对于人力资源市场的监管，2008年，第一部《劳动合同法》正式生效，对劳动合同的订立、履行、变更、解除和终止以及集体合同、非全日制用工、试用期、劳务派遣等方面做出了具体规定。2012年，国家对《劳动合同法》进行了修订，在劳务派遣等方面进行了更明确的规定。2011年7月1日，第一部《社会保险法》正式施行。劳动者保护自身及群体合法权利的能力和动机都大大加强。这一阶段，我国在人力资源管理的政治、经济、法律和社会环境发生了很大改善，人力资源的重要性被深刻认知。

2021年9月，习近平总书记在中央人才工作会议上指出："综合国力竞争说到底是人才竞争。人才是衡量一个国家综合国力的重要指标。国家发展靠人才，民族振兴靠人才"。他将人才问题提升到战略高度，号召要大胆冲破旧有体制束缚，把人才开发、招贤纳士作为战略重点和经常性工作来抓，并提出"人才九条"的要求。这对组织在新时代做好人才工作有重要指导意义。与此同时，现代人力资源管理理念和各类人力资源技术已经达到与世界接轨和同步的水平，从职位分析到绩效管理等一系列的管理工具和方法成为组织日常管理的基本活动；战略人力资源管理也在部分企业中取得很好的成效，例如经华为引进并改进的业务领先模型（BLM）就是这方面的典型案例。在"百年未有之大变局"的特殊历史时期，市场经济体制为我们和西方发达国家带来了相似的组织治理环境，人力资源管理职能为世界各国所重视，一方面对于中国的人力资源管理者来说，发展基于中国传统文化、基于马列主义的人力资源管理尤其重要，应该让中国组织的人力资源管理长在中国的文化土壤上。另一方面,我们要利用好数字化时代的红利,中国是目前数字化发展尤为快速的国家之一,人力资源数字化也逐渐展现出中国特色。

二、我国人力资源管理面临的挑战

我国人力资源管理挑战主要来自外部环境的复杂多变和内部需求的多样化。

(一) 外部环境的挑战

全球经济不确定性增加。随着全球化的深入发展,全球经济的不确定性日益增加。贸易保护主义的抬头、地缘政治的紧张局势等都给企业的国际化发展带来了挑战。这些外部环境的变化要求企业具备更强的应变能力和风险管理能力。

科学技术变革的加速。信息技术的飞速发展正在改变着企业的商业模式和运营方式。人工智能、大数据、云计算等新兴技术的广泛应用不仅提高了企业的运营效率,也带来了新的竞争压力和挑战。企业需要不断学习和适应新技术的发展,以保持竞争优势。

法律法规的完善。随着社会的进步和法治建设的加强,我国的法律法规体系不断完善。企业在用工合规、员工权益保护等方面面临着更高的标准和要求。这要求企业加强内部管理、完善规章制度、提高法律意识以应对法律风险。

(二) 内部需求的挑战

人才需求的多样化。随着企业业务的发展和转型升级的需要,企业对人才的需求也日益多样化。它不仅需要具备专业技能的人才,还需要具备创新思维和跨界能力的人才。如何吸引和留住这些多样化的人才成为企业面临的一大挑战。

员工需求的多元化。随着社会的发展和员工素质的提高,员工的需求也日益多元化。除了薪酬和福利外,员工还关注工作环境、职业发展、工作生活平衡等多个方面。企业需要更加关注员工的个性化需求,提供多样化的激励措施和发展机会,以增强员工的归属感和忠诚度。

组织变革的压力。在快速变化的市场环境中,企业不得不频繁地进行组织变革以适应市场需求。然而,组织变革往往伴随着员工的不安和抵触情绪,如何有效管理变革过程中的员工心理和行为,确保变革的顺利进行,是企业面临的一大难题。

三、推动我国人力资源管理举措

(一) 推动人力资源管理数智化转型

1. 提高企业人力资源管理的数智化能力

对企业而言,人力资源管理的数智化转型不仅仅意味着业务流程的平台化、工作方式的多样化以及程序性工作的数智化,管理者更希望通过转型实现业务模式的生态化、知识创新的快速化、人才价值的最大化、企业与员工的共生化。因此,企业不仅需要具备将数智技术赋能日常运营的能力,更需要具备将数智技术渗透组织战略、价值链乃至组织架构的柔性能力,而此正是人力资源管理数智化能力的核心。与一般"自上而下"的转型相比,人力资源管理的数智化转型不仅要从顶层设计推动,更要"自下而上"地将数智化理念与技术渗透至各层级、各环节乃至各岗位,企业相应人才的数量与质量决定了人力资源管理的数智化能力。

提高人力资源管理的数智化能力,企业不仅要培养人才,更要相信人才、依靠人才。此类人才既要精通业务,能把握本职工作中的隐性知识,也要具备相应的数字技术能力,能够将数智化理念、数字技术与自身工作相结合,探索出兼具可行性与创造性的工作模式。与理想状态相比,当前一些企业的人力资源管理数智化转型与发展主要由领导者强行推动,不重视员工价值,这导致企业存在对数智化价值理解不充分、响应不及时、数字技术应用不全面等问题,而这也正是企业需要依赖员工理解、支持并参与之处。为此,企业需要将员工转变为具备数智化素养的人才,提升其数智化能力。要培养容错氛围,鼓励员工围绕业务与工作方式开展数智化探索;提供学习机会,强化员工的数智化认识和专业素养,建成良好的适应性学习机制,为员工掌握最新的数智化工具与企业实践提供途径;塑造数智化愿景,充分认识到员工与企业的共生关系,即企业依靠员工发展、员工依靠企业实现自我价值,并且让员工了解人力资源管理的数智化转型对自身、组织乃至社会的价值,从而明确员工对数智化价值与前景的期望,提升员工参与数智化变革的意愿,使员工在此过程中具备积极性与主动性。

2. 挖掘企业人力资源管理的数智化价值

移动互联网、大数据、云计算、人工智能等技术的发展与运用均依赖于庞大数据,而这也是决定数字经济发展质量的核心要素。需要明确的是,数据与有形资源相似,如果没有人与技术的参与,数据本身难以直接创造价值,数据使用者的洞见以及技术对数据的处理能力在此过程中发挥了决定性作用。可以明确的是,简单的数据采集、统计和对比仅能发挥"数字底座"作用,数智化价值的实现则需要深度挖掘数据中潜藏的问题、意义和机遇,将数据转化为有价值的主张和见解。这里,数智化价值的挖掘依赖数据、技术与洞见。

数据是人力资源数智化转型的基础。在当代社会,无论是宏观环境的变化还是个体行为的改变,都可以通过数据的形式记录保存,根据发展需要对海量数据进行爬取和保存并为数智化转型提供条件。技术决定数智化价值的下限,对企业而言挖掘数智化价值就必须要对数据进行分类、存储和模型化分析。有效的技术能够帮助企业从海量数据中探索数据间的关系,并对未来进行预测和建议,低效的技术则难以给使用者以高质量的参考,甚至无法对大批量数据进行处理。数据使用者的洞见决定了数智化价值的上限,面对同样的现象与数据,具备洞见者能够观察到数据背后的规律,而不是仅仅关注技术对数据的分析结果。因此,作为数据的使用者,有必要多思考数据背后的逻辑,强化人力资源数据的智能决策能力和智慧应用,使人力资源管理能够为企业发展提供更有效的支撑和指导。

3. 探索企业人力资源管理的数智化方案

数据作为一种新的生产要素,同技术、信息、管理等要素一样,逐渐成为推动经济发展和企业转型的新引擎。数据的价值不仅体现在"智慧化"，即智慧决策、智慧应用等方面，同样体现在"数字化"，即流程的自动化、分配的最优化等方面，而这也是企业在人力资源管理数智化转型过程中最直接的好处。与之相对应，企业有必要探索兼顾"数字化"与"智能化"的人力资源管理解决方案。

在数字化上，最直观的体现是工作的自动化，这在工业领域已经有了长足发展。而在人力资源管理上，数智化转型进一步关注降低人力资源管理的边际成本和劳动力成本，同时将人力资源管理者从日常的琐碎事务中解放出来，从而将更多的时间和精力投入人力资源战略和企业发展中去。而在智慧化上，最直观的体现则是辅助人力资源管理者进行理性思考，更高效公平地分配资源，并寻求进一步实现企业成长的可行路径。受限于人类并行处理任务能力的有限性，人力资源管理者难以在工作分配、绩效对比等工作中给出公平有效的结果，这样不仅对工作结果带来不利影响，也会影响员工的工作积极性。与人类的处理能力相比，人工智能应用在很大程度上能够克服此类问题，而此类应用的效率仅仅取决于硬件支持。因此，企业人力资源管理者要充分利用数字技术的平台资源，以数据信息的存储和应用为纽带，制定人力资源管理数字化解决方案，突出人力资源管理数字化在工作分配、任务分解、绩效评估等方面的流程优化与自动化处理，营造积极的组织公平氛围，有效塑造员工的工作主动性，驱动员工产生符合企业期望的行为，全面提高人力资源产出效率。

4. 重视企业人力资源管理的数智化安全

事实上，无论是关于数智化思维还是数智化价值的内容，都证明了人力资源管理数智化转型的必要性，但这并不意味着数智化转型可以无所顾忌。合理的数智化转型能够帮助企业构建竞争优势，实现企业与人的共生，不合理的数智化转型则会导致企业与员工陷入恶性竞争，因此，保证人力资源管理的数智化安全是关键。一方面，数智化安全意味着企业需要保证数据的隐私性；另一方面，数智化安全意味着企业需要合理公正地运用数据。保证数据的隐私性是本土企业乃至社会都存在的一大问题，员工对数据的不重视、企业保存数据方式的不到位，乃至社会层面对数据问题的看法都使得数据泄露愈发成为员工、企业乃至社会公众需要关注的问题。在一些行业,数据的违规搜集与买卖成为一门生意。在企业人力资源管理的数智化转型中,企业将积累大量的行为数据,保证数据的隐私是企业需要考虑的首要问题。一旦产生数据泄露,将引发信任危机。为此,企业应建立和完善严密、可靠、安全的数据管理体系,规范数据使用、维护、应用等流程,避免企业数据泄露,最大限度防范人力资源管理风险。此外,人力资源管理者也需要适时告知员工数据管理的技术原理和用途,提升员工对数据使用的认知,加强其在数据安全性、互利性和公平性方面的了解和认识,最大限度维护劳动者特别是数字劳动者的合法权益,积极构建和谐、稳定的劳动关系。

数据的滥用与违规搜集是影响数智化安全的另一大问题。数据应用作为一把双刃剑,固然能够为个性化发展、绩效评估等方面提供便利条件,但若无法得到妥善监管,无疑也会成为个别人压榨员工价值的手段。虽然企业在数据使用方面的不当行为在短期来看能够降低劳动成本,提高企业利润;但从长期来看,它不仅限制了员工的发展机会,还限制了企业塑造数智化能力的机会。如果此类行为成为一种社会现象,无疑会将众多企业拖入恶性竞争,虽然少数企业可能会在短期获利,但从长期来看,员工、企业和行业都会在此恶性竞争中形成三方共输的局面。因此,有必要从法律层面明确企业对数据使用的权限,在企业内部组建包括员工、管理者及其他利益相关者的监管部门,规范企业对数据的搜集和使用。

(二) 推进人才发展体制机制改革

党的二十届三中全会《决定》提出,建立以创新能力、质量、实效、贡献为导向的人才评价体系。人力资源社会保障部门持续推进职称制度改革落地,"破四唯""立新标"、放权松绑取得积极成效。聚焦重点领域、特殊人才、新兴职业群体,完善职称评价新标准,畅通各类专业技术人才职业发展通道,人才成就感、获得感不断增强。完善知识产权、运动防护等专业职称评价办法、评价标准。北京增加集成电路、量子信息、虚拟现实、网络安全、大数据、金融科技等职称评审新专业。上海探索建立数字技术专业人才评价机制,发布工程系列数字技术专业职称评审办法,让数字创新人才脱颖而出。宁夏首批数字技术工程高级工程师开评,引导更多人才向数字技术领域集聚深耕。湖北为农民技术人员制定专门的职称评审办法,将农民技术人员的工作实绩、技术水平、解决实际问题的能力以及经济社会效益作为主要评价依据。多地建立高层次人才职称评审绿色通道,对承担国家重大科技任务、关键核心技术攻关,取得颠覆性技术创新的高层次急需紧缺人才,不问出身、不唯地域、不求所有、不拘一格,一事一议、一人一策,实行特殊人才特殊评价。加强职称评审监督管理。2024 年 7 月,人力资源社会保障部发布《职称评审监管暂行办法》,从制度层面加强职称评审全过程监管,构建政府监管、单位(行业)自律、社会监督的职称评审监管体系。这是首部从国家层面出台的职称评审监管文件,避免职称评审一放了之、一放就乱,有力地提高职称评审质量,促进公平公正。各地加强规范职称评审程序、打击违规行为,重庆、黑龙江率先开展职称领域中介机构、社会组织违规行为专项整治。以数智赋能,加强职称评审信息化建设。河南逐步实现职称评审全程网办。贵州建设"云上"职称评审新通道,优化职称申报流程、促进评审精准监管。

完善职业资格制度体系。人力资源社会保障部修订完善注册城乡规划师、统计等职业资格制度。推进完善职称与职业资格衔接机制,天津明确 91 类证书可以直接贯通职称,受益人群超过 300 万人。云南建立数字技术工程师培育项目专业技术等级与职称对应关系,将职业资格与职称对应关系由原来的 44 项扩大为 53 项。持续开展专业技术类"山寨证书"专项治理,开展工程建筑领域专业技术人员违规"挂证"行为专项整治。积极推进职业资格国际互认交流。上海探索建立境外职业资格证书认可清单制度以及境外职业资格和职称评价衔接机制。河北发布涵盖科技、工程、信息技术等 7 个专业领域的 20 项境外职业资格证书认可目录,为雄安新区集聚人才。天津围绕产业发展需要和滨海新区高质量发展对人才的需求,扩展境外职业资格认可范围。

持续推进职业技能评价制度改革。全面推行"新八级工"职业技能等级制度,大力开展职业技能等级认定,累计备案 4 万余家用人单位和社会培训评价组织,评聘特级技师、首席技师 4 000 余人。全年超过 1 200 万人次取得职业资格或职业技能等级证书,其中高级工以上超过 450 万人次,技师以上超过 30 万人次。打破专业技术职称评审与职业技能评价界限,贯通高技能人才与专业技术人才职业发展。内蒙古为技能人才搭台架梯,3 000多名高技能人才获评专业技术职称。海南力促两类人才贯通发展,高技能人才可申报职称,专技人才可参加技能评价。

充分向用人主体授权,激发创新活力。鼓励具备条件的企业自主评审职称。湖北向符合条件的国家级"专精特新"企业授权,发挥用人主体在职称评审中的主导作用,实现企业自主评价人才、自主使用人才。安徽突出数字企业用人主体地位,授予龙头、链主企业人才职称自主评审权。江苏苏州市授权新一批10家企业开展职称自主评审工作。开展技能人才自主评价,满足企业对技能人才需要,真正让干得好的评得上。陕西鼓励用人单位自主开展职业技能等级认定。宁夏由企业用人单位建立技能人才评价体系,自主开展职业技能等级认定。

扎实推进事业单位人事制度改革。公开招聘作为事业单位择优进人的主要途径,是从源头上规范事业单位选人用人工作的制度性安排。2024年8月,中共中央组织部、人力资源社会保障部印发《关于进一步做好事业单位公开招聘工作的通知》,从加强公开招聘工作统筹、严格招聘程序要求、优化岗位条件设置和资格审查工作、增强招聘考试针对性和科学性、严明纪律要求五部分,进一步改进和规范事业单位公开招聘工作。各地将"公开、平等、竞争、择优"的原则和要求落到实处,切实把事业单位公开招聘打造成"民心工程""阳光工程"。

第三节　培育科技创新文化

科技创新是人类社会发展的重要引擎,也是发展新质生产力的核心要素。推动科技创新涉及诸多方面,其中培育创新文化是重要基础。习近平总书记高度重视创新文化的培育,在党的十九大报告中强调"倡导创新文化",在党的二十大报告中强调"培育创新文化"。党的二十大报告指出"高质量发展是全面建设社会主义现代化国家的首要任务","坚持创新在我国现代化建设全局中的核心地位"。中央经济工作会议强调,要以科技创新引领现代化产业体系建设。充分发挥科技创新的引领能力，既要通过政策体系推动科技创新体系建设，更要通过培育塑造新的文化形态实现科技创新生态的持续优化。创新是推动我国高质量发展的核心驱动力和构建新机制的关键因素，也是探索新时代中国特色社会主义发展新领域和新方向的重要途径。应完善科技创新体系，以"培育创新文化，弘扬科学家精神，涵养优良学风，营造创新氛围"助推高质量发展。创新文化为孕育创新思维、触发创新潜质、维持创新活力提供良好的创新环境和氛围，是激励创新行为的核心支撑。

一、培育科技创新文化的意义

文化是科技进步的基础，也是经济社会发展的先导，为科技发展和科技人才成长提供重要的创新文化养分。习近平总书记一直很重视创新文化的培育。党的十九大报告提出"倡导创新文化"，党的二十大报告进一步要求"培育创新文化"。2024 年 6 月，在全国科技大会、国家科学技术奖励大会、两院院士大会上，习近平总书记再次强调："坚持培育创新文化，传承中华优秀传统文化的创新基因，营造鼓励探索、宽容失败的好环境，使崇尚科学、追求创新在全社会蔚然成风。"这些重要讲话表明，培育创新文化是建设科技强国的基础工作。

（一）科技创新是社会发展的根本动力

创新就是创造新的东西，开拓新领域，发现新内容。社会的文化氛围对科技创新和社会发展影响很大。回顾工业化进程，创新氛围浓的地方，更容易成为产业革命的舞台，吸引创新资源。可以说，科技创新活跃的国家和地区，都有繁荣的创新文化。

创新的过程就是"破旧立新"，新和旧相互交织。创新越深入，遇到的矛盾和阻力就越大。从实际情况看，很多阻碍创新的因素来自陈旧观念。所以，培育创新文化，必须突破和更新观念。创新要有求异思维和实践，不能守旧，要敢于质疑、勇于批判。孟子曰："尽信书，则不如无书。"说的就是要打破对书本和经验的盲目相信。哥白尼提出日心说，爱因斯坦提出相对论，这些重大科学发现都源于怀疑和批判精神。培育创新文化,要营造人人在真理面前平等的氛围,不搞权威压制、排挤新人,充分尊重劳动、知识、人才和创造,让全社会的创新想法都能冒出来,创造活力充分释放。只有在这样的创新文化氛围里,科技人才才能成长得更好,发挥更大作用。

(二) 科技创新是科学探索的内在要求

科技创新是探索和创造的实践活动,常常要经历很多次失败和漫长等待才能成功。国家最高科学技术奖获得者薛其坤院士说,探索科学的时候,找到 99 条走不通的路,也是科学贡献,这种"失败"其实也是一种成功。培育创新文化,就要尊重这个规律,给科技工作者足够耐心和空间,鼓励他们自由探索,包容失败,这样才能激励他们勇攀科技高峰。

培育创新文化,既要有观念支持,也要有制度保障。党的二十届三中全会《决定》对构建支持全面创新的体制机制作出部署,体现了以改革促进创新、以创新推动发展的导向和方法。我们要顺应科技事业发展的新要求,破除制约科技创新的制度障碍,营造鼓励创新、包容失败的好环境。完善科普机制,提高全民科学素质,营造热爱科学、崇尚创新的氛围。完善创新领域法律法规,规范创新行为,保障创新权益,让科技造福社会。这和人才强国战略里通过完善制度,为人才提供好的发展环境,让人才发挥最大效能的思路一样,通过好的创新文化制度保障,推动科技人才不断创新,实现科技强国的目标。

二、培育科技创新文化的路径

党的二十大报告明确指出,"高质量发展是全面建设社会主义现代化国家的首要任务",同时强调"坚持创新在我国现代化建设全局中的核心地位"。高质量发展作为"十四五"乃至更长时期我国经济社会发展的核心主题,关乎社会主义现代化建设的整体布局。在这一进程中,科技创新无疑是推动高质量发展的核心驱动力,也是构建全新发展机制的关键要素,更是探索新时代中国特色社会主义发展新领域与新方向的重要路径。

为实现高质量发展,要加快完善科技创新体系,通过"培育创新文化,弘扬科学家精神，涵养优良学风，营造创新氛围"来助力。科技创新文化能够为孕育创新思维、激发创新潜质、保持创新活力营造良好的创新环境与氛围，是激励创新行为的核心支撑。培育科技创新文化是一个多维度的建构过程，主要涵盖以下三个方面：树立文化自信基石，培育创新文化的价值观念；持续涵养优良学风，营造健康的创新生态；推动创新教育发展，造就德才兼备的创新人才。

（一）树牢文化自信基石，培育创新文化的价值观念

创新文化是一套包括创新价值观念、创新准则、创新制度等在内的培育型文化形态。当创新行为凝聚为一种文化，即创新文化时，便能激发创新者强大的创造内驱力与高度的创新自觉性。其中，创新文化的价值观念对创新活动起着关键的引导与支撑作用。创新文化既有吐故纳新、兼收并蓄的开放格局，又有质疑权威、革故鼎新的开拓超越精神；既有攻坚克难、披荆斩棘的无畏勇气，也有尊重失败、合理容错的包容态度。优秀的创新文化价值观念，不仅能够激发创新动力，还能激活创新思维，全面塑造创新者的创新品格。

培育创新文化的价值观念，必须以文化自信为坚实基石。文化自信，是对自身民族文化价值、成就及未来的积极肯定、坚定信念与由衷自豪。其因具有基础性、广泛性与深厚性的特点，对国家和民族的发展产生着最基本、最深沉、最持久的影响。创新文化一旦形成，便会成为贯穿各类认识与实践活动的主导力量。文化自信所带来的文化认同，不仅是民族凝聚力与向心力的源泉，更是推动社会进步、经济发展以及科技创新的重要引擎。文化兴则国运兴，文化强则民族强。习近平总书记强调："坚定文化自信，是事关国运兴衰、事关文化安全、事关民族精神独立性的重大问题。"一个国家和民族唯有筑牢文化自信的根基，才能保持创新定力，激发创新勇气，释放创新活力，使科技创新成为一种高度自觉的行为。

（二）持续涵养优良风气，营造健康发展的创新生态

创新文化的繁荣发展，深深植根于完善的创新生态结构之中。创新生态并非单纯的技术研发与更新，而是一个涉及人、组织、制度、资源等多方面的综合性交互体系，存在于教育、科技与人才"三位一体"的系统之内，搭建了选

代学习、深度研讨与技术碰撞的平台,推动科技与文化协同进步。

要大力弘扬科学家精神。习近平总书记指出:"新中国成立以来,广大科技工作者在祖国大地上树立起一座座科技创新的丰碑,也铸就了独特的精神气质。"以"爱国、创新、求实、奉献、协同、育人"为主要内涵的科学家精神,与优良学风所倡导的理念高度契合,是我国科技工作者在长期实践中积累的宝贵精神财富,也是中国共产党人精神谱系的重要组成部分。面对百年未有之大变局,肩负民族复兴伟业的使命,回应时代之问,确保培育良好创新文化所需的创新土壤与创新生态,更需大力弘扬科学家精神。学风越正,初心越坚,创新就越强。应锚定世界一流创新生态,塑造中国特色创新生态,加快优化科技创新环境,让优秀的创新文化成为激发创新主体活力的无尽源泉。

(三) 推动创新教育发展,造就德才兼备的创新人才

创新文化的形成与创新教育紧密相连,创新教育是造就创新人才的关键。古往今来,教育始终被视为国家与民族发展的灵魂。在当代社会,创新已成为经济与社会进步的核心驱动力,创新教育的重要性愈发凸显。创新教育是培植与强化创新文化的根本,为社会创新活动奠定坚实基础,旨在培养具备创新思维、批判性思维,以及解决问题和适应未来变化能力的创新人才。通过创新教育,创新文化的价值观念得以有效传播与传承,最终形成具有稳定且持久影响力的创新精神与创新传统。

创新教育借助现代技术为人们提供丰富的知识、资源与工具,助力其更好地开展创新。创新往往伴随着风险,鼓励创新的文化通常会接受并承担合理风险。通过创新教育,人们不仅学会创新方法,还掌握评估与管理创新风险的技巧。创新教育鼓励人们在创新活动中快速试错、持续改进。当创新教育融入创新文化,其效果将被放大,形成"创新文化—创新教育—创新文化"的积极创新循环,助力社会更高效、快速地实现持续高质量创新与进步。

培育创新文化,需通过创新教育培养大量创新人才。创新人才作为创新文化的中坚力量与第一资源,不仅拥有某一领域的专业知识,还具备跨领域整合能力,拥有综合、开放且前瞻性的思维方式,无惧创新中的挫折与失败,勇于尝试新方法、新工具与新方案,具备快速迭代学习的能力。对创新活动

的高度自主性与强烈内驱力，能够在不断变化的环境中探寻新机遇、找到新的解决方案。没有创新教育的发展，就没有创新文化的兴盛；没有创新人才的支撑，就难以实现科技创新的突破。只有大力发展创新教育，培养德才兼备的创新人才，才能实现我国科技创新高水平的自立自强。

一个国家、一个民族的崛起与发展，背后往往蕴含着独特的文化特质。这些特质不仅是历史沉淀的结晶，更是赋予国家和民族独特魅力的核心要素。中华文化历经数千年传承，其中蕴含的韧性与超越性，是中华民族在历史长河中屹立不倒、持续发展的重要支撑。创新文化正是传承了中华文化血脉中的韧性与超越性，才成为赋能高质量发展的坚实基石。我们应以文化为魂，以创新为翼，紧扣高质量发展的脉搏，深耕创新文化，为实现中华民族伟大复兴的宏伟目标注入源源不断的动力。

三、培育良好的创新教育环境

党的二十大报告明确提出："从现在起，中国共产党的中心任务就是团结带领全国各族人民全面建成社会主义现代化强国、实现第二个百年奋斗目标，以中国式现代化全面推进中华民族伟大复兴。"全面建设社会主义现代化国家是一项伟大而艰巨的事业，抓住新一轮科技革命的战略机遇，实现高质量发展是首要任务。科技革命的本质要求是创新，高质量发展的第一动力是创新，新发展理念的首要理念是创新。坚持创新在我国现代化建设全局中的核心地位，把全社会智慧和力量凝聚到创新发展上来，需要创新文化的有力支撑。党的二十大报告明确提出要培育创新文化。事物是普遍联系、相互依存的，培育创新文化所涉及的各部分、要素之间，往往牵一发而动全身，必须坚持系统观念，统筹好政治引领、教育浸润、氛围营造等抓手，全局性谋划、整体性推进。

第四节　推动人才"引进来"和"走出去"

当前，世界面临百年未有之大变局，大国博弈、地区冲突相互交织，全球科技人才流动格局发生深刻变化。当今世界,围绕科技制高点和高端人才的竞争更加激烈,我国已进入汇聚和使用海外高层次人才的转折期,引智工作同样站在一个新的历史起点。党的二十大报告指出,"加快建设世界重要人才中心和创新高地,促进人才区域合理布局和协调发展,着力形成人才国际竞争的比较优势"。这是我国立足更高起点、瞄准更高层次、锚定更高目标,对全面深入推进人才强国战略、创新驱动发展战略作出的科学思考和系统安排,为开展人才工作提供了清晰的目标指引。加强人才自主培养的同时,加快人才智力的"引进来",实施更加开放、更加便利的人才政策,加快构建更具竞争力的人才制度体系,加快优化更具吸引力的国际化科研环境,加快形成人才国际竞争的比较优势,才能不断筑牢科技自立自强根基。

一、推动高等教育"引进来"

在 2024 年 9 月召开的全国教育大会上,习近平总书记强调,要深入推动教育对外开放,统筹"引进来"和"走出去",不断提升我国教育的国际影响力、竞争力和话语权。扩大国际学术交流和教育科研合作,积极参与全球教育治理,为推动全球教育事业发展贡献更多中国力量。这为新时期我国各级各类教育开展对外开放工作提供了基本遵循。

教育对外开放工作包括"走出去"和"引进来"两个维度,两者既有联系又有区别。在新时期不仅要进一步强化"走出去"办学,更要进一步提高"引进来"的质量。浙江省地处东部沿海地区,高等教育对外开放水平较高,近年来开展高水平"引进来"卓有成效,具有一定代表性。

(一) 高等教育"引进来"的现状

中外合作办学项目形式多于机构形式。当前,我国以中外合作办学开展境外优质高等教育资源引进的方式主要有两种,一种是以机构的形式,另外一种是以合作项目的形式。两种类型在办学形式、办学内涵、治理模式等多方面均存在较大差异。根据教育部中外合作办学监管工作信息平台数据,截至 2024 年 8 月,全国经审批机关批准设立、举办的本科及以上层次合作办学机构和项目共1 586个；其中，本科层次机构和项目1 289个，硕士及以上层次机构和项目297个；中国职业教育中外合作办学机构共有60所，中外合作办学项目共计1 177个，主要分布在江苏、山东、浙江和湖北等地，主要合作国家和地区包括澳大利亚、加拿大、韩国和美国等（见图4-1、图4-2）。

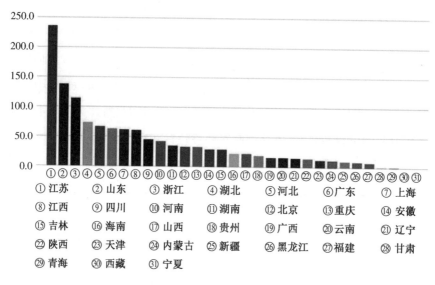

① 江苏	② 山东	③ 浙江	④ 湖北	⑤ 河北	⑥ 广东	⑦ 上海
⑧ 江西	⑨ 四川	⑩ 河南	⑪ 湖南	⑫ 北京	⑬ 重庆	⑭ 安徽
⑮ 吉林	⑯ 海南	⑰ 山西	⑱ 贵州	⑲ 广西	⑳ 云南	㉑ 辽宁
㉒ 陕西	㉓ 天津	㉔ 内蒙古	㉕ 新疆	㉖ 黑龙江	㉗ 福建	㉘ 甘肃
㉙ 青海	㉚ 西藏	㉛ 宁夏				

图4-1 职业教育领域中外合作办学区域分布情况

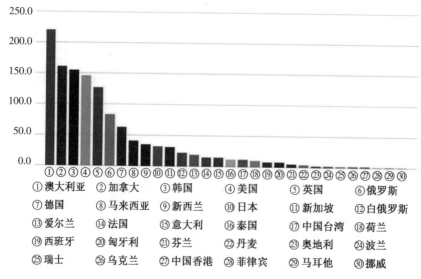

① 澳大利亚	② 加拿大	③ 韩国	④ 美国	⑤ 英国	⑥ 俄罗斯
⑦ 德国	⑧ 马来西亚	⑨ 新西兰	⑩ 日本	⑪ 新加坡	⑫ 白俄罗斯
⑬ 爱尔兰	⑭ 法国	⑮ 意大利	⑯ 泰国	⑰ 中国台湾	⑱ 荷兰
⑲ 西班牙	⑳ 匈牙利	㉑ 芬兰	㉒ 丹麦	㉓ 奥地利	㉔ 波兰
㉕ 瑞士	㉖ 乌克兰	㉗ 中国香港	㉘ 菲律宾	㉙ 马耳他	㉚ 挪威

图4-2 职业教育领域中外合作办学合作方国别分布

（二）提高高等教育高水平"引进来"水平的路径

提升资源使用效益，加强办学成效的可持续性。项目形式和机构形式的中外合作办学内涵各异，实施路径和办学成效也不一样。具体来说，项目形式的合作办学具有建设周期短、办学成本低、内部治理体系较为简单、办学成效见效快等优势。但也存在着对境外优质教育资源使用效益低，在人才培养、科学研究和社会服务等方面的合作深入度不够，合作办学成效可持续性不强等问题。相较而言，机构形式的合作办学建设周期较长，投入成本较高，内部治理体系复杂，但办学成效可持续性长，其稳定性和持久性更具优势。总体来说，相对于项目形式，以机构形式开展的合作办学更能够提高境外优质教育资源的引进效益，增强资源引进和利用的可持续性。实践中，国内一些以机构形式开展的境外优质高等教育资源引进相关办学活动取得了较好的社会成效。如浙江大学分别与英国爱丁堡大学和美国伊利诺伊大学厄巴纳-香槟分校建立联合学院，通过多年的办学实践取得了良好的办学成效。西交利物浦大学、温州肯恩大学、上海纽约大学等中外合作办学机构也逐渐形成了独特的办学理念和模式。

提高办学层次，成为教育强国建设的有力支撑。浙江省域范围内的中外合作办学项目学位授予大多数是本科或硕士。这直观体现了当前我国引进的境外教育资源层次仍不高，难以有力支撑国家高等教育强国建设战略。此外，从仅有的几个博士项目看，也以应用性较强的医学为主，而基础理科和其他国家发展急需的应用性工科则相对较少。中外合作办学层次较低有其客观原因，主要是因为相对于博士层次的人才培养，本科和硕士阶段相对投入较少，课程设置和师资生源也更能得到保障，而博士层次则对师资、生源和研究条件等提出了更高的要求。此外，相对于本科和硕士层次的办学项目，博士层次的办学项目引进难度更大，引进成本和投入也更高。

健全学科类型，增强培养国家紧缺人才的能力。从合作办学学科类型上看，以热门的人文社会科学类专业为主，比如金融、工商管理、旅游管理等占据了较高比例，而理工科尤其是基础理科比例较低。主要原因，一是热门人文社会科学办学成本可控，在招生时较有优势；二是建设成本较低，不需要相配套的实验设备等投入；三是建设成效显现周期短，在较短时期内便能获得收益。

党的二十届三中全会提出，"推进高水平教育开放，鼓励国外高水平理工类大学来华合作办学"。当前，我们更需借助中外合作办学引进一些国家急需的理工科，尤其是基础理科专业，一方面借此为国家和社会培养更多拔尖创新人才，另一方面也可以在此过程中通过基础研究的突破解决一些"卡脖子"问题。

（三）高等教育高水平"引进来"的推进策略

政府从宏观层面出台高校高水平"引进来"指导性意见和规划。基于当前我国高等教育发展的现实需要和国际环境，政府应及时研究出台高等教育开展高水平"引进来"办学的指导性意见和规划。这些指导性意见和规划可以包括如下几方面的内容：一是明确新时期我国高等教育开展高水平"引进来"办学活动的基本指导思想和目标，即要以习近平新时代中国特色社会主义思想为根本遵循，深入学习贯彻落实全国教育大会精神，以加快推进高等教育强国建设为根本目标。二是明确开展高水平"引进来"办学的重点方向。需要从国家层面系统梳理当前我国急需的学科专业，并积极引导高校从这些方面着手开展引进办学活动。三是明确开展高水平"引进来"办学的基本方法或路径，从政策和资源配置等方面积极引导并提供有力支撑。四是明确高校开展高水平"引进来"办学绩效评估办法，一方面积极引导，另一方面也加强监督管理。总之，在我国高等教育发展新阶段，需要从政府宏观层面出台高水平"引进来"办学的指导性意见和规划，切实将相关办学活动推到一个新高度。

高校基于办学需求和国家急需积极开展相关办学活动。各办学主体在新形势下需要从如下几个方面思考如何做好高水平"引进来"的各项办学活动。首先，要明确开展"引进来"办学活动的动因是什么，是积极服务国家重大战略，还是提升学校办学声誉，还是通过中外合作办学活动获得经济效益。其次，要进一步提升政治站位和战略格局。在我国高等教育强国建设新时期，高等教育办学活动要坚持积极服务国家战略，服务科教兴国战略。因此，也要站在这样的高度来审视开展"引进来"相关办学活动时的基本价值取向和战略方向。比如通过"引进来"办学活动积极培养拔尖创新人才,以"引进来"办学活动为抓手为基础理论创新、解决"卡脖子"问题作出贡献等。最后,要进一步创新新时期开展高水平"引进来"办学的方法论,如在合作形式、合作内容等方面都可以大胆创新。

二、推动高等教育"走出去"

(一)强调多元化发展,拓宽教育成长路径

多元化发展体现在多个方面,首先是教育形态的多元化。在基础教育阶段,推行高中多样化发展,探索设立一批以科学教育为特色的普通高中;在高等教育领域,分类推进高校改革发展,明确各类高校发展定位,支持高校差异化发展,并建立分类管理、分类评价机制,引导高校在不同领域发挥优势、办出特色。其次是办学模式多元化。在职业教育方面,塑造多元办学、产教融合的新形态,鼓励企业参与职业教育。最后是教育路径的多元化。要以职普融通拓宽学生成长成才通道,支持普通中小学开展职业启蒙教育、劳动教育,推动中职与普高融合发展,加强优质中职与高职衔接培养,优化职教高考,鼓励应用型本科学校开设职业技术专业,稳步扩大职业本科规模和招生,形成基础教育、高等教育与职业教育多元化、特色化发展的新格局。

(二)数字化赋能教育,推进教与学的转型

当前,数字化不仅推动了教育管理的现代化和科学化,还极大地促进了教育方式的创新和变革,为实现个性化教学、因材施教提供了更多可能。深入实施国家教育数字化战略需要充分考虑新时代数字化对教育发展的深远影响和重大意义,将思想政治工作与信息技术深度融合,打造网络思政教育特色品牌;要加快教材数字化转型步伐,规范网络空间的语言文字使用;要全面实施教育数字化战略,深化在线教育的集成化和体系化建设,完善教育公共资源库,建立分层分类的数字化教学资源体系。此外,还要打造一系列数

字教育公共产品，推动优质慕课"走出去"；促进人工智能与教育深度融合，助力教育变革，加强课程体系改革与优化；制定完善的师生数字素养标准，深化人工智能助推教师队伍建设，打造先进的教育大模型，积极探索建设"云端学校"等新型教育模式。

三、优化国际人才交流环境

发展新质生产力，必须进一步全面深化改革，形成与之相适应的新型生产关系。更高素质的劳动者是新质生产力的第一要素。发展新质生产力，需要有能够创造新质生产力的战略人才。当前，全球科技竞争格局发生重大变化，要想让各类先进优质生产要素向发展新质生产力顺畅流动，就需要扩大高水平对外开放，为发展新质生产力营造良好国际环境。在全球化加速发展的今天，国际人才交流已经成为推动科技创新、促进经济发展、深化国际合作的重要力量。各国之间的合作与竞争日益激烈，而人才作为最活跃的生产要素，其跨国流动与交流合作对于提升国家竞争力、推动全球进步具有不可替代的作用。

（一）加强国际人才交流平台建设

定期举办国际人才交流大会，邀请全球知名高校、科研机构、企业等参会，搭建人才供需对接平台，促进国际人才交流与合作。拓展国际人才合作网络，加强与国外人才机构、高校、科研机构的合作，建立稳定的合作关系，拓宽国际人才交流渠道。

为适应数字化转型趋势，一方面，着力建设国家级海外人才数据库平台，网联全球人才，为精准引进国际科技人才提供技术支撑。对现有人才信息进行多渠道、多层次、有重点的整合。另一方面，充分发挥市场在人才队伍建设中的牵引作用，拓宽市场和社会组织引才渠道，充分发挥国内外各类专业组织学会、协会的作用，扩大新型产学研科技创新平台的国际人才交流规模。完善海外华人科学家回国就业创业服务网络，打通人才市场信息壁垒。

(二) 优化开放创新科研生态

坚持科技创新领域更高水平制度型开放,构建具有国际竞争力的高质量科研生态。一方面,保障人才"出得去"。加强与发达国家对话沟通,推动构建更加开放包容的人才流动规则体系;围绕"一带一路"科技创新共同体建设,加强国际人才交流合作。加强国际化科研环境建设,构建人才培养、使用、流动、评价等国际合作体系,为人才流动营造市场化、法治化、规范化、国际化创新创业环境。另一方面,保障人才"愿意来"。利用国际科技组织、国际大科学计划等多边平台吸引人才。以我国大科学基础设施等科研资源为依托,吸引国内外科学家共建联合研究项目,解决全球性关键科学问题;充分利用中国参与的国际大科学计划,借助多边交流机制加强人才发现并择机稳妥引进。

(三) 打造国际化人才发展机制

加强国际学术交流,鼓励和支持国内高校、科研机构与国际知名机构开展学术交流与合作,提升我国学术研究的国际影响力。推动联合培养项目,与国外知名高校和科研机构合作开展联合培养项目,为我国学生提供更多海外学习和实践机会。加强国际实习基地建设,在国外建立一批国际实习基地,为我国青年人才提供国际化的实习平台,提升其国际竞争力。

加强语言培训,提供多语种语言培训服务,帮助国际人才更好地适应我国工作和生活环境。完善文化融入服务,举办文化交流活动,帮助国际人才了解中国文化,促进其更好地融入中国社会。提供职业发展指导,为国际人才提供职业规划、就业指导等服务,帮助其在我国实现个人职业发展。

设立国际人才奖励基金,对在科技创新、产业升级等方面作出突出贡献的国际人才给予表彰和奖励。鼓励企业实施股权激励计划,吸引和留住核心国际人才,共同分享企业发展成果。建立科学、公正的国际人才评价体系,对国际人才的贡献进行客观评价,为其职业发展提供依据。

第五章
深化协同创新提高创新能级

第一节　推动区域协同创新

一、深化东西部跨地区协同创新

东西部科技合作是完善区域科技创新体系，推动区域和跨区域协同创新的重要举措，对于提升西部地区创新能力和解决发展不平衡不充分问题具有重要意义。从建立互惠合作机制、推动供需对接、促进产业互动合作、打造协同创新生态等方面，加强科技援疆、科技援藏、科技支宁、科技入滇、科技兴蒙、科技援青等东西部科技合作，推动西部地区成为科技创新转化者、科技发展参与者，增强西部地区主动服务国内国际两个大局的科技能力和创新能力，提升西部地区区域整体实力和可持续发展能力。

建立协作创新互惠互利机制，增强创新合作动力。强化市场机制，突出企业东西部科技合作主体，积极探索"企业投入、政府补助、聚才引智、协同创新"新模式，鼓励西部企业与东部各类创新主体深度对接、合作研发、成果引进、精准引才，对柔性引进人才按政策给予补助。将科技合作作为评价企业创新发展的重要内容，在项目申报、资金申请、平台申建等方面予以倾斜。

加强东西部科技合作督查激励,把东西部科技合作纳入实施创新驱动战略和推动高质量发展的评价内容。建立东西部科技合作激励机制,对成效显著的创新主体给予奖励。挖掘西部地区稀缺性资源,发挥西部地区在能源、矿产、土地、生态环境等方面独特优势,吸引东部地区创新企业、科研院所落户。

专栏一　宁夏:打造跨区域协同创新样板

2022 年 5 月,经科技部批准、宁夏建成全国首个东西部科技合作引领区。目前,宁夏形成了"部区统筹、需求导向、东西联动、协同创新"的东西部科技合作新体系,与 11 个省份、14 个高校院所建立起科技合作关系,形成了"1 + N"科技合作格局,带动 20 多个省份的 800 余家创新主体、9 500 多名区外人才参与宁夏科技创新活动,开辟了宁夏面向全国汇聚创新资源、集聚创新人才的新渠道。

一是创新协同合作机制,丰富创新协同内涵。构筑"部区统筹、需求导向、东西联动、协同创新"的东西部科技合作新体系,针对宁夏优势特色产业和重点领域发展的科技需求,着力开展应用技术研发和成果转化,培育新的经济增长点,突出人才集聚,把引进东部地区高层次人才团队作为重点合作内容,宁夏首批科技合作项目有 60 多名东部科技领军人才和一批创新团队参与实施。同时,突出结对共建,为宁夏引进先进的园区管理模式、科技成果和科研平台。

二是构建"东部研发＋宁夏转化"、研发代工等有效模式。宁夏先后与 11 个省份、14 个高校及科研院所建立了长期稳定的科技合作关系,吸引 20 多个省份的 800 多家创新主体累计实施合作项目 1 800 多项;构建"东部研发＋宁夏转化"、研发代工等有效模式,引进院士 150 多名、各类科技人才 9 500 多名,一批国内头部企业形成了"头在东部、身子在宁夏、市场在国外"的布局,助力新材料、新能源、装备制造等产业持续拓宽发展空间,推动西部科技和产业发展水平迈上新台阶,形成东中西部深入融合发展、共同提升对外开放水平的新局面。

推动东西部产业互动合作，激发创新合作活力。支持西部地区结合自身优势产业联合区域高校、科研院所以及东部省份，开展本地区特色产业技术攻关，合作共建生物医药、数字经济、智能装备制造、新能源汽车、光伏产业、氢能及新型储能蓄能、节能降碳等新兴领域产业创新基地，推动"高精尖、小规模、定制化、非标准"特色产业集群发展，拓展承接产业转移新空间。支持西部科技园区探索以"整体外包""特许经营"等形式引入东部省份战略投资者、专业化园区运营商，与东部省份园区结对发展，加强新技术、新成果共享共用。鼓励以共建园区、建立"飞地园区"、设立分园区等形式与东部省份联动发展，深化产业链供应链合作。

专栏二　甘肃：东西部协作助推甘肃高质量发展

甘肃省抢抓东西部协作机遇，紧扣定西市产业禀赋和资源优势，积极招引企业，狠抓项目建设，持续开展"引大引强引头部行动"大抓东西部协作招商，2023 年甘肃省新增引导 316 家东部企业落地，到位投资额 46.86 亿元，同比增长 100%；共建产业园 79 个，帮助 15.95 万名农村劳动力实现转移就业，助力销售特色农产品 70.25 亿元。

一是坚持产业为"先"。把东西部协作财政帮扶资金重点用于培育壮大特色优势产业，通过到户奖补、扶持主体、政企共建等不同类型，进一步延链补链强链，促进农民群众在全产业链上就业创业、增加收入。现代农业上，两地共建国家级现代农业产业园区，建立定西宽粉京东助农馆和 3 个县级电商中心，引进青岛培李堂、洪珠机械等企业打造繁育、生产、加工、销售为一体的产业链。中医药产业上，依托定西中药材道地优势、仓储优势、品牌优势，引进琛蓝生物、天成药业、商都药业等青岛企业进行中药材精深加工，共同研发生产中药材饮片、药物提取及茶饮包、料汤包、足浴包等大健康产品，引领未来市场。

二是坚持项目为"王"。制定产业合作专项方案,明确引进企业、共建园区、项目实施等各项目标任务,建立常态化联络推进机制,扎实开展全方位、宽领域、深层次的产业合作。强化招商推介。组织开展了形式多样的招商推介活动,承办首届"鲁企甘肃行"活动,举办"青企定西行""薯都盛宴·青岛相伴"等活动持续加大招商项目推介力度,引进了一批加工能力强、附加值高、辐射带动作用明显的龙头企业。

加强东西部科技供需对接,提升创新合作潜力。推动建立东西部省份、高校、科研院所科技成果信息交汇共享机制,建立东西部科技成果供需对接平台,举办科技成果需求对接活动,拓宽高质量科技成果供给渠道。组织实施一批东西部科技合作项目,支持西部地区企业、高校院所与东部创新主体开展联合攻关,突破一批重大关键技术,力争使更多产业、更多领域由跟跑向并跑、领跑转变。支持西部地区高校、科研院所联合东部地区创新主体建设技术转移机构,鼓励东西部技术转移机构联合开展项目路演、创业大赛、成果转化论坛等活动。从西部地区经济社会发展的实际需求出发,通过科技参与、人才培养、产品转化等方式,把握科技创新合作的关键技术,实现创新能力的内化发展,增强西部地区自身发展能动性。

专栏三 **内蒙古:京蒙协作赋能内蒙古创新发展**

内蒙古自治区科技厅指导推动各盟市采取"走出去、引进来"的办法,通过"线上+线下"模式面向北京"4+8+N"合作主体、区内外高等院校、科研院所等积极开展科技专题对接洽谈活动,不断深化双方交流合作。向北京各类科研创新主体精准推送科技创新合作需求400余项,依托"蒙科聚"和京蒙高科企业孵化器等平台举行马铃薯"双链"融合等对接交流活动80余场,科技供需对接成效显著。

一是推进内蒙古"所需"与北京"所能"双向奔赴。聚焦内蒙古资源禀赋和优势主导产业,自治区科技厅积极引导和支持北京各类科技创新主体到内蒙古建立科研分支机构或共建科技创新平台、组建创新联合体,构建京蒙优势互补、携手并进的发展新格局。北京市海淀区与乌兰察布市共同签署"共建人工智能产业高地合作备忘录",建设北京人工智能训练场乌兰察布基地,共同支撑保障海淀区大模型企业算力需求,加强大规模并行训练、智能编译器、定制化训练框架等关键基础技术研究攻关以及产业人才培养,进一步深化京蒙协作。

二是以产业和政策体系为支撑构建东西部科技合作格局。以"政府牵引、需求导向、企业主体、市场机制、优势互补、合作共赢"为指南,以项目为单元,以人才交流、技术成果转移转化为纽带,利用"揭榜挂帅"等形式,建立"企业出题,高校破题,团队揭榜"的产学研合作模式,引导人才资源、创新资源与产业需求高效对接,推动学校与科研机构、龙头企业共建以"用"为导向的创新联合体,联合开展关键核心技术攻关,联合推动科技成果转化运用。

三是推动前沿技术与市场需求对接。内蒙古应用场景丰富,坚持为技术找场景、为场景找市场的思路,围绕高端装备制造、信息智能、生物医药健康、新能源、新材料等重点产业创新发展,常态化挖掘场景资源,发布场景清单,组织场景对接,打造一批地标性场景创新活力区,推动自主创新产品及解决方案落地应用,让更多创新链的"好技术"变成产业链的"新应用",增强产业创新发展的技术支撑能力,实现技术创新与产业提质的同频共振。

优化东西部创新合作生态,提升创新合作效能。加强对东中部地区科研机构、科技企业吸引力,通过税收优惠、行政审批效率提升、搭建技术创新平台等方式优化西部地区营商环境,增强东部地区科技创新机构和企业参与西部科技合作的积极性。加大人才引进力度,在住房保障、医疗服务、社会保险、公共文化、配偶就业、子女入托入学以及交通补贴等领域实施优惠政策,为外来科技创新人才在西部地区长期生活、工作提供更多便利,推动科技创新人才在西部地区安居乐业。以科技创新合作造福当地居民,增强居民在科技合作项目发展中的主体意识,推进西部地区本地居民高质量就业,以科技创新合作提升群众"获得感",实现科技创新、区域整体实力与居民生活同步可持续发展。优化区域金融服务,支持银行、基金、保险等金融机构为推动东西合作的创新企业、科研机构提供信贷、担保、融资支持,完善创新生态。

专栏四　云南:实施科技入滇,打造产业创新生态

云南省科技厅与上海市科委积极面向国家战略需求,以机制建设为基础,以合作项目为抓手,以平台载体为纽带,以人才培育为根本,扎实推进沪滇科技跨区域协同创新,支撑两地经济社会高质量发展取得显著成效。在红河、文山、普洱、迪庆建成四个"上海科技中心",共建国家技术转移东部中心云南分中心、上海市生物医药科技产业促进中心普洱、红河分中心等沪滇技术转移和服务机构 40 多个,连续举办八届"沪滇科技成果对接交流活动",促成签约项目 250 余项。

一是共育科技创新人才,激发内生动能。以院士专家工作站、双向挂职、科研培训等柔性引才方式,共同推动和支持复旦、交大、云大等高层次人才及优秀科研团队的交流与合作,云南省科技厅投入资金 6 000 万元,支持上海 60 个院士专家团队建立工作站,支撑两地科技创新协同进步,带动地区产业协调发展。2000 年以来,依托专业机构,面向云南一线科技工作者举办各类培训班 55 期,培训人员超 3 000 人次,为云南的高质量发展提供坚实的人才保障。

二是共推科技联合攻关,增强示范效应。聚焦民生保障、生态保护、特色产业发展等重点领域,共同支持"洱海流域污水深度治理""云南地区自然能提水示范应用""永平县 C9 苹果酒研制"等百余项优秀科技联合攻关项目,以有限的政府投入有效带动社会的积极参与,放大示范引领效应。2000 年以来,上海市科委共计投入资金近 4 000 万元,支持合作项目 140 余项,带动社会资金近 5 亿元,产生了良好的经济、社会和生态效益。

三是强化资金支持,促进项目合作。对签署"科技入滇"战略合作协议的省份和单位的科技项目,云南省将从财税、金融、土地、人才等各个方面予以优先支持和重点服务。其中,在滇建院士(专家)工作站最高扶持 1 000 万元,提供 90 万—180 万元的工作经费补助。对在滇新设立的研发机构，根据实际投入给予一定比例的补助，最高补助额度可达 500 万元；对到云南实施的重大科技成果转化项目，给予优先立项和重点支持，最高资助或奖励额度可达 500 万元；鼓励风险投资、各种私募资金、产业投资基金投资云南的科技型企业或高新技术企业，根据实际投资额度给予最高可达 500 万元的风险补助。

二、持续加强城市群协同创新

推进城市群创新协同发展是国家立足新发展阶段、贯彻新发展理念、构建新发展格局的重大战略部署。加快推进区域协同发展对于进一步重塑中国空间发展格局、做到"全国一盘棋"、实现国内国际"双循环"战略具有重要的现实意义。京津冀、长三角、珠三角、成渝等城市群已发展成为世界级的创新平台和动力源，从构建政策协同机制、搭建协同创新平台、产学研用合作机制创新、推进创新成果产业化协同、促进科技资源共享利用、深化产业链对接协作等方面推动区域协调发展，优化重大生产力布局，形成新的经济增长极。

构建政策协同机制，保障制度创新。建立区域间政府部门的定期沟通会议制度，各地政策制定者交流现有政策的实施情况，为跨区域创新合作提供政策沟通渠道。针对人工智能、生物医药等重点创新领域，区域内政府联合统一制定税收优惠、研发补贴、土地使用优惠等方面的产业支持政策，促进企业在区域间的合理布局和创新发展。建立跨区域创新治理机构，赋予其在区域协同创新事务中的决策、监督和协调权力。构建区域统一的知识产权保护体系，加强知识产权联合执法力度。设立区域知识产权保护联盟，建立知识产权纠纷快速调解机制。对于区域内科研设备、科技人才等创新资源共享，建立合理的资源共享制度。明确资源提供方和使用方的权利义务关系，通过资源共享协议、补偿机制等方式确保资源共享的可持续性。

产业集群和产学研用协同。通过产业集群规划，明确区域内各城市或地区的产业集群定位，重点打造战略性新兴产业集群。在产业集群内部，根据产业链环节进行分工协作。整合各区域优势资源，联合建设技术研发中心、检验检测中心、公共服务平台等产业集群创新平台。支持区域内高校、科研机构和企业联合组建产学研用联盟,围绕区域重点产业发展需求开展合作对接。加强区域内从创新成果到产业化的协同推进能力。设立产业化专项资金,对高校和科研机构研发的新型材料、智能装备等具有市场潜力的创新成果给予资金支持,支持政府设立专项基金,助力企业进行中试生产和产业化推广。

共享创新基础设施,加快创新要素流动。对区域内的超级计算机、大型科研仪器等大型科研设施进行梳理,建立共享目录。加强区域内科技园区合作,共享园区的孵化服务、技术转移服务、人才服务等资源,实现资源共享和协同发展。整合区域内政府部门、企业和科研机构的创新数据资源,建立科研数据、市场数据、政策数据等共享平台。通过数据挖掘和分析,为创新主体提供数据支持。建立区域人才资源共享网络,鼓励人才在区域内开展兼职、短期工作、项目合作等柔性流动。政府出台相关政策,在税收、社会保障等方面对人才柔性流动给予支持。支持高校、科研机构和企业之间联合开展研究生培养项目,企业为研究生提供实践基地,高校之间共享课程资源和学术导师,培养适应区域产业发展需求的高层次人才。

专栏五　城市群协同创新

1. 京津冀城市群:破除壁垒,共促区域市场一体化

京津冀三地经济发展步履铿锵,在北京非首都功能疏解和天津、河北传统产业去产能的大背景下,三地经济总量依然实现了较快增长,GDP 突破 10 万亿元,2023 年三地 GDP 是 2013 年的近 1.9 倍,2022 年三地居民人均可支配收入分别是 2013 年的 1.9 倍、1.5 倍和 1.4 倍。京津冀协同创新共同体建设初现雏形,在体制机制完善、关键环节合作、载体平台共建等方面取得一定成效。

一是聚焦前沿技术应用,围绕产业链打造应用场景。落实国家未来产业战略部署,聚焦人工智能、空天技术、低空飞行、合成生物、绿色氢能等前沿技

术领域，共同培育筛选一批具有产业化前景的原创性、颠覆性技术成果，持续推进场景资源开放共享，为前沿技术提供首试首用机会，促进更多创新科技成果加速应用落地。落实"六链五群"产业布局，引导三地科技企业围绕产业链延伸和协同配套谋划布局重大应用场景，打造一批京津冀产业协同场景示范项目，促进区域内创新要素与产业资源再配置，推动京津冀产业链和创新链深度融合，合力打造世界级先进制造业集群。持续开展京津技术—河北场景供需对接活动，联合举办场景创新大赛、运行新技术场景应用直通车，共建一批场景创新示范区，承接场景创新成果孵化落地。

二是发挥北京辐射带动作用，强化协同创新。充分发挥北京国际科技创新中心的辐射带动作用，统筹津冀科技创新优势力量，共建京津冀国家技术创新中心，提升区域整体科技创新水平，缩小区域内创新实力落差，为创新链赋能产业链发展打好基础。积极探索灵活的创新要素共享模式，推动创新资源共建共享。聚焦战略性新兴产业重点领域共性需求，支持企业联合高校、科研院所共建一批产学研创新实体，对重大装备及关键零部件采取联合攻关、共同研发等模式，以提高区域自给率。鼓励校企共建研发中心和产业化基地，加速科技成果落地转化。以中关村科技园区建设为抓手，提升产业链与创新链对接协作水平。加快优势科技园区面向京津冀布局，打造更多的"类中关村"创新生态系统，加强产业转移承接平台建设和管理，支持北京创新成果到津冀落地转化，提高津冀产业竞争力。

三是建设产业飞地和反向飞地，构建创新创业生态链条。北京依靠津冀既有的产业基础，在环京地区建设产业飞地。津冀依靠北京的招商环境和创新要素优势，在京建设反向飞地。津冀通过租赁北京存量楼宇，有选择性地引入具有内生性增长动能、与自身产业具有强关联性的创新企业，吸纳先进技术并壮大自身优势产业，以优势产业的局部创新优势充分发挥增长极效应，从而形成对本地化、特色化创新产业集群发展的支撑。建立技术创新研发中心，利用北京人才、技术、共享科研设备等创新资源，加强技术攻关，加速科技成果转化，构建"创新研发—成果孵化—产业化落地"的创新创业生态链条。

2. 长三角城市群：以 G60 科创走廊为抓手，全面推进协同创新

G60 科创走廊是长三角地区重要的科创和产业一体化发展平台。从构建跨区域协调机制、建立科技资源共享平台、产业协同等方面打造具有国际影响力的科创走廊。从整体成效看,形成了多个具有国际竞争力的产业集群。以新能源汽车产业为例,2023 年实现总产值超 5 000 亿元,产量占全国比重达到 15%。产业协同带动了区域经济增长,2023 年 G60 科创走廊九城市GDP 总量达到 10.2 万亿元,同比增长 7.5%,高于长三角地区平均增速。

一是构建跨区域协调机制。九城市共同建立 G60 科创走廊联席会议制度,由各城市主要领导参加,定期召开会议,共同协商重大事项,制定发展战略与政策。同时,设立产业、创新、人才等多个专项工作组,负责具体领域的协同推进工作。创新专项工作组聚焦区域内创新资源整合,推动科研设施共享、科技成果转化等工作。**二是建立科技资源共享平台。**搭建统一的 G60 科创走廊科技资源共享服务平台,整合九城市的科研仪器设备、科技文献、科学数据等资源。企业和科研机构可通过平台便捷查询和预约使用,提高资源利用效率,降低创新成本。如合肥的科研机构设备可向上海的企业开放,促进双方创新合作。**三是产业协同发展。**围绕人工智能、新能源汽车、生物医药等重点产业,构建跨区域产业链。以上海为研发和设计中心,杭州、苏州等地提供关键零部件制造,合肥、芜湖等地负责整车或整机生产及装配。新能源汽车产业,上海的企业专注于电池技术研发,嘉兴生产汽车内饰部件,合肥进行整车制造,形成完整产业链。开展园区共建与合作,上海松江与宣城共建G60 科创走廊(宣城)产业合作示范园区。松江提供资金、技术和管理经验,宣城提供土地和劳动力等资源,实现产业转移与协同发展,提升区域整体产业竞争力。

3. 珠三角城市群:凝聚优势创新资源合力,构筑协同创新共同体

珠三角区域协同创新围绕产业、科技、人才等领域展开。政府推动政策协同,企业开展合作研发,高校与科研机构深度参与,成效显著,区域创新能力大幅提升,产业集群竞争力增强,诞生众多创新成果,推动了经济高质量发展。

一是构建产业集群,共建科创制造平台。产业分工协作上,珠三角地区在电子信息、家电、纺织服装等传统产业领域形成了高度专业化的分工协作体系。通过产业供应链的紧密联系,上下游企业之间建立了长期稳定的合作

关系。深圳的芯片设计企业与东莞的电子制造企业合作，实现了从设计理念到产品实物的快速转化。集群创新平台建设上，珠三角各地政府联合企业、高校和科研机构共同搭建产业集群创新平台。政府通过政策引导和资金支持，鼓励企业和科研机构参与平台建设。企业根据自身的技术需求，向平台提出研发课题或技术服务要求，科研机构则利用平台的设备和资源开展研究。平台还组织企业之间的技术交流活动，促进知识和技术的共享。如在中山的灯具产业集群，创新平台定期举办灯具设计和照明技术研讨会，企业可以在会上分享最新的产品设计理念和照明技术应用经验，推动了整个产业集群的技术创新。

二是加强产学研用协同创新。珠三角地区高校和科研机构资源丰富，如中山大学、华南理工大学等高校与企业建立了紧密的产学研合作关系。高校和企业通过联合实验室、技术转让、委托研发等方式进行合作。例如，华南理工大学与美的集团建立了联合实验室，针对家电智能化技术进行研究。美的集团为实验室提供研究资金和实际应用场景，华南理工大学的科研团队则在智能控制算法、物联网在家电中的应用等方面开展研究。研究成果直接应用于美的的家电产品中，提升了产品的智能化水平，同时也为高校的科研提供了实践验证的机会。各类科研机构联合产业联盟，整合行业内的创新资源，共同开展关键技术攻关和行业标准制定。以广东省智能制造研究所为例，它与珠三角智能制造产业联盟合作，推动智能制造技术在产业中的应用。

三是开放科研基础设施，促进科技成果转化。珠三角内部城市之间以及与周边地区整合创新资源，实现资源的优化配置。例如，广州作为区域中心城市，具有丰富的科技人才和科研机构资源，与周边城市如佛山、清远等进行人才和技术的交流合作。通过建立人才共享机制，广州的科研人才可以到佛山、清远等城市的企业或科研机构进行短期工作或技术指导。在技术交流方面，组织科技成果交流会、技术对接会等活动，促进区域内技术的转移和应用。例如，广州的高校和科研机构将一些适合在周边城市推广的农业科技成果带到清远，与清远的农业企业合作进行转化应用，推动了清远农业的现代化发展。

4. 成渝城市群：双核驱动，共筑协同创新"新高地"

成渝区域协同创新聚焦产业、科技、人才等关键领域。通过构建跨区域合作机制，推动产业协同升级，促进科研资源共享。成效斐然，不仅提升了区域整体创新能力，壮大了汽车、电子信息等产业集群，还吸引了人才汇聚，为成渝地区经济发展注入强劲动力。

产业集群共建上，一是构建"总部＋基地""研发＋生产"协同模式。成都和重庆等地的企业，依据各自资源与产业优势，采用"总部＋基地""研发＋生产"等形式开展合作。例如，成都的电子信息企业将研发总部设在成都，利用其科技人才与创新资源优势，而将生产基地布局在重庆或周边地区，借助当地的土地、劳动力等资源优势，实现资源的优化配置和产业的协同发展。**二是做长产业链，推动补链强链与集链成群。**成渝地区围绕重点产业领域，加强产业链上下游企业的合作，共同推动补链强链与集链成群。比如在汽车产业方面，重庆拥有众多汽车整车制造企业，成都则在汽车零部件研发和生产方面具有一定优势，两地企业通过合作，实现汽车产业链的延伸和完善，提高产业整体竞争力。

园区共建上，一是跨区域共建产业园区。川渝两地政府合作共建产业园区，如川渝高竹新区，这是全国首个跨省域共建新区。新区创新"小管委会＋大公司"的运行管理体制，在土地、财税、人才等方面实现政策择优使用，按照"存量收益由原行政辖区各自分享、增量收益五五分成"的原则构建利益分配机制，吸引了众多企业入驻，初步建立起汽车装备产业集群。**二是园区协同招商与产业承接。**成渝地区的各类园区加强协同招商，明确各自的产业定位和招商重点，避免恶性竞争。例如，成都的一些园区侧重于引进高端制造、电子信息等产业项目，重庆的一些园区则重点发展汽车、化工等产业，通过协同招商，实现产业的合理布局和互补发展。同时，在产业承接方面，两地园区加强合作，共同承接东部沿海地区的产业转移。

创新资源共享上，一是建立创新资源共享平台。成渝两地共同搭建创新资源共享平台，整合高校、科研机构、企业等的创新资源，实现科技文献、科研设备、科技人才等资源的共享。例如，建立成渝地区科技资源共享服务平台，为企业和科研人员提供便捷的资源查询和共享服务。**二是开展产学研协同**

创新。成渝地区的高校、科研机构和企业加强产学研合作,共同开展技术研发、成果转化等活动。例如,重庆大学、电子科技大学等高校与成渝地区的企业建立了紧密的产学研合作关系,通过联合攻关、共建研发平台等方式,推动科技创新和产业发展。**三是推动科技成果转化与产业化**。成渝两地政府出台相关政策,鼓励和支持科技成果在本地转化和产业化。例如,设立科技成果转化专项资金,为科技成果转化项目提供资金支持;建立科技成果转化服务机构,为企业和科研机构提供技术交易、知识产权服务等。

第二节　推动部门协同创新

创新不是"独角戏",是一项涉及政府、市场、科研院所、中介组织、企业等多主体参与的系统工程。部门协同创新需要多个部门围绕共同的创新目标,通过有效的沟通和协调,将科技创新资源动员和集中配置,推动创新项目实施和完成,需要秉持开放理念、合作思维稳步推进制度型开放,建立健全跨部门协同创新制度,强化条块结合,形成完善的创新生态服务。

一、完善部门协同创新体系

新型举国体制是指引部门协同,赋能科技创新的战略性武器。2019 年《中共中央关于坚持和完善中国特色社会主义制度　推进国家治理体系和治理能力现代化若干重大问题的决定》,将完善包括新型举国体制在内的科技创新体制机制工作纳入社会主义基本经济制度框架内,从体制层面解决科技经济"两张皮"问题的指向更加凸显。习近平总书记在党的二十大报告中指出,"完善党中央对科技工作统一领导的体制,健全新型举国体制"。"集中力量办大事"是我国社会主义制度的显著优势,新型举国体制是面向国家重大需求,把集中力量办大事的制度优势、超大规模的市场优势同发挥市场在资源配置中的决定性作用结合起来,强化国家战略科技力量,推动科技自立自强不断取得新进展。科技创新本身具有公共性、外部性、不确定性等特点,容易导致市场失灵、创新失败等问题,新型举国体制是在市场选择机制下以企业为主体开展科技创新活动中,在出现市场机制失灵的环节,通过跨部门的协同和动员,集中力量解决市场机制力所不能及的问题。

由中央科技委员会接替国家科技领导小组等,作为科技创新跨部门的指挥协调中心。2018 年国家科技领导小组成立,组长、副组长由国务院总理、副总理分别担任,涵盖国家发展改革委、教育部、科技部、工业和信息化部、财政部、人力资源社会保障部等十四个部门,并在科技部设立国家科技领导小组办公室。2023 年中共中央、国务院印发了《党和国家机构改革方案》组建中央科技委员会,加强党中央对科技工作的集中统一领导,统筹推进国家创新体系建设和科技体制改革,研究审议国家科技发展重大战略、重大规划、重大政策,统筹解决科技领域战略性、方向性、全局性重大问题,研究确定国家战略科技任务和重大科研项目,统筹布局国家实验室等战略科技力量,统筹协调军民科技融合发展等,作为党中央决策议事协调机构。中央科技委员会办事机构职责由重组后的科学技术部整体承担。新的中央科技委员会,将显著增强党中央对国家战略科技事业的统筹协调能力,更好地解决跨层级、跨部门、跨系统的科技创新协同问题,形成科技创新的"全国一盘棋"。

以国家战略科技力量为抓手作为跨部门协同创新的主要载体。国家战略科技力量是围绕完成国家战略任务组织起来的多元联合力量体系,国家实验室、国家科研机构、高水平研究型大学、科技领军企业都是国家战略科技力量的重要组成部分。国家战略科技力量通过多主体高效协同、多要素有机联动、多领域紧密互动、多机制深度耦合,使国家战略科技力量成为激发全社会科技创新活力的强劲引擎。

二、推动 0—1 科技创新孵育

1. 科学技术部

更新组织架构,加强科技创新与产业创新融合,顺应我国科技发展战略的新动向和未来重点方向。科学技术部发布最新组织架构,科学技术部直属事业单位进行了重要调整。重组新设立了 3 个重要机构,分别是:科学技术部新质生产力促进中心、科学技术部新技术中心、科学技术部国际科技合作中心。新质生产力促进中心,预示着我国将更加注重新质生产力的培育与发展,将在新兴产业、高新技术领域加大支持力度,推动创新驱动发展战略的深入实施;新技术中心的成立,将进一步加速科技成果的转化与应用,促进科技与经济的深度融合;国际科技合作中心的设立,将为我国与其他国家在科技领域的交流与合作提供更加广阔的平台。

加快实施科技重大项目、促进科技成果转化应用、全面深化科技改革体制等,促进全国科技创新发展。一是加快实施科技重大项目,引领支撑新质生产力发展。超前布局一批国家科技重大项目,确保已启动重大专项高质量如期完成。强化关键核心技术攻关,聚焦现代化产业体系建设的重点领域加强科技研发部署,开展新技术新产品新场景应用示范,培育未来产业。二是加快促进科技成果转化应用,推动科技创新和产业创新深度融合。强化企业科技创新主体地位,健全企业主导的产学研深度融合体系,推动建立企业研发准备金制度,培育壮大科技领军企业。三是全面深化科技体制改革,激发创新创造活力。加强国家战略科技力量与重大科技任务、科技基础设施的衔接,制定促进各类创新主体协同联动、创新要素顺畅流动与优化配置的政策。建立完善教育科技人才一体发展体制机制、科技创新和产业创新融合发展机制。深入推进科技人才分类评价改革,突出加强青年科技人才全链条培养。健全跨区域科技创新合作机制。

建立区域科技合作网络,完善科技合作机制,推动不同省份之间的合作。2022 年,科技部等九部门研究制定《"十四五"东西部科技合作实施方案》,为深入实施创新驱动发展战略和区域协调发展战略,进一步推进东西部科技合作发挥了重要作用。四川省在科技部的指导下,按照《"十四五"东西部科技合作实施方案》部署,主动深化东西部科技合作机制,引导创新要素跨区域有序流动和高效集聚,先后签署省际科技合作协议 6 个、园区对口合作协议 20 余个,共建联合实验室、孵化基地、院士工作站等创新平台数十个,实施区域创新合作专项,省级财政投入经费 9 000 余万元、支持项目 200 余个。

2. 教育部

持续推进高水平研究型大学建设，加强基础前沿探索和关键技术突破。高水平研究型大学是科技第一生产力、人才第一资源、创新第一动力的重要结合点，肩负着国家基础研究主力军、重大科技突破策源地和拔尖人才培养主阵地的使命定位。充分发挥基础研究深厚、学科交叉融合的优势，大力推动基础学科、新兴学科、交叉学科发展，加强基础前沿探索和关键技术突破，努力构建中国特色、中国风格、中国气派的学科体系、学术体系、话语体系。

推动建立科技发展、国家战略需求为牵引的学科设置调整机制和人才培养模式。将战略人才力量建设作为重中之重，构建高质量拔尖创新人才自主培养体系，加大顶尖人才"引育留用"力度，建立一支规模宏大、结构合理、素质优良、富有活力的科技创新人才队伍，着力打造新时代创新人才集聚高地。发挥高校在统筹推进教育科技人才体制机制一体改革中的优势地位，不断提升对国家战略科技力量的支撑作用。

完善高校科技创新机制，提高成果转化效能。面向生物技术、人工智能等国家重大需求以及前瞻性、战略性新兴产业需要，凝练重大科学问题，开展高质量有组织科研，持续产出原创性、颠覆性科技创新成果。积极融入政产学研协同创新体系，精准对接区域建设和企业发展的需求，优化布局科研力量，促进科研成果高水平创造、高效率转化，为高质量发展提供强劲动力。

三、实现1—100 科技创新应用

1. 工业和信息化部

推动科技创新与产业创新深度融合　增强优势产业链竞争优势。加快推进新型工业化，发展新质生产力，建设以科技创新为引领、以先进制造业为骨干的现代化产业体系。充分发挥新型举国体制优势，构建协同高效的攻关组织体系，全面精准开展关键核心技术攻关，加快实现高水平科技自立自强。推动科技创新与产业创新深度融合，大力推广新一代信息技术、绿色技术、数智技术等先进适用技术应用，增强优势产业链竞争优势，推动重点领域项目、基地、人才、资金一体化配置，不断提升我国产业基础能力和产业链现代化水平。

要强化企业科技创新主体地位，促进创新链、产业链、资金链和人才链深度融合。 发挥企业"出题人""答题人""阅卷人"作用，要发挥科技领军企业市场需求、集成创新、组织平台的优势，推动科技创新与产业创新深度融合。加快推进科技成果产业化，大力发展科技服务业，遴选一批高水平中试平台和高能级孵化器，推进国家高新技术产业开发区等园区建设提质增效，打造"火炬"品牌升级版。一体推进教育发展、科技创新、人才培育，形成有利于科技创新的良好生态。着力打通从科技强到企业强、产业强、经济强的通道，构建企业牵头的产学研协同创新机制，支持企业牵头或参与国家实验室、国家技术创新中心、国家工程中心等国家级创新平台建设，与高校、科研院所共同组建创新联合体，开展产业共性关键技术研发、科技成果转化及产业化、科技资源共享服务。

2. 国家发展改革委

统筹我国创新能力建设和高新技术产业发展，推动实施创新驱动发展战略。 国家发展改革委设立创新和高技术发展司，具体组织拟订推进创新创业和高技术产业发展的规划和政策，提出国家技术经济安全和培育经济发展新动能政策建议，推动技术创新和相关高新技术产业化，组织重大示范工程，统筹推进战略性新兴产业和数字经济发展等。

支持推进自主创新，加强自主创新能力建设。 增强原始创新能力，围绕学科发展、科学前沿和国家重大战略需求，加强基础研究和战略高技术研究，加快关键领域高技术研究，在信息、生物、海洋、空天、纳米、新材料等战略领域超前部署，抢占关系国计民生和国家安全的前沿高技术制高点。增强集成创新能力，组织实施一批科技重大专项，在信息、能源、资源、环境、农业等关键领域，实现产业核心技术的集成创新与突破，增强引进消化吸收再创新能力。健全和完善科技支撑体系，加强重大科技基础设施建设，实施散裂中子源、新一代天文望远镜、海洋综合科学考察船等若干重大科学工程，继续支持中国科学院加快推进知识创新工程，为基础性创新研究提供可靠的支撑条件，不断提高自主创新的基础水平。

四、助力科技创新的其他部门

1. 商务部

商务部联合多部门开展各领域创新中心建设。以开展新技术推广应用、促进科技成果商业化应用、集聚商业技术创新资源为主要建设任务。2023年2月，商务部联合五部门印发了《中华老字号示范创建管理办法》，推动老字号创新发展，促进品牌消费。重点任务提出建设老字号协同创新中心，把电商、金融、传媒、高校、智库等优质资源聚起来，为老字号创新发展赋资、赋能、赋智、赋力。截至2024年9月，中国共有11家单位确定为"老字号协同创新中心"，在各自老字号领域实现协同创新建设。例如，世界中联是中国商务部第二批"老字号协同创新中心"建设单位，致力于为中医药行业创新协同建设贡献力量。

推进商业技术应用创新中心建设，支持设立外资研发中心。商务部办公厅发布《关于开展商业技术应用创新中心建设的通知》，为加快实施创新驱动发展战略，提升商业创新能力，推动人工智能等新技术赋能商贸流通，商务部决定开展商业技术应用创新中心建设。突出智能化方向，推动人工智能技术与商贸流通、新型消费等深度融合，打造数字生活、智慧商圈、AI电商等人工智能典型应用场景等。突出数字化方向，推动传统商业线上线下融合发展，商业大数据、商业综合服务平台建设，商业新业态新模式创新等。突出绿色化方向，推动传统商业领域节能减排技术和管理创新，商业绿色发展创新，先进绿色技术推广应用创新等。商务部、科技部联合发布《关于进一步鼓励外商投资设立研发中心的若干措施》，明确外资研发中心是我国科技创新体系的重要组成部分。

2. 财政部

支持基础性研究投入，推进产业结构优化升级。围绕推动高质量发展、培育新质生产力，积极的财政政策适度加力、提质增效，重点在加大财政支出强度、激发经营主体活力、加强地方财力保障、提升财政政策效能等方面下功夫。加大投入力度。重点向基础研究、应用基础研究、国家战略科技任务聚焦。完善竞争性支持和稳定性支持相结合的基础研究投入机制，持续增加基础研究财政投入。安排中央财政产业基础再造和制造业高质量发展专项资金，支持加快突破基础产品、核心技术等短板，增强产业链供应链韧性和竞争力。加强制造业领域重点研发计划、重大专项等保障，推动解决产业关键共性技术难题。倾斜支持高水平研究型大学改革发展，加快中国特色、世界一流的大学和优势学科建设。

财政资金支持聚焦科技与生产力的深度融合。确保先进技术落地，应灵活运用财政工具，加大对高端技术服务中介机构的扶持力度。科技成果转化的财政支持政策应根据企业所处生命周期的不同阶段进行精准施策，以提高政策的有效性和针对性。财政政策优惠对象应从科技创新企业本身这个"点"拓展到相关专业化服务体系的链条上。继续落实落细对企业科技创新研发投入的相关优惠政策，引导企业实现提质增效。改革完善科研经费使用管理，给予科研人员和团队更多自主权，全力调动科研人员的主观能动性，赋予科技创新持续动能。

3. 税务总局

优化服务流程细化服务举措，推动实施精准服务。协同联动科技部门，推动税务部门与科技部门建立信息共享机制，加强数据综合利用，共享并研判可能开展研发活动的高新技术、科技型中小企业、有技术中心及软件开发等企业信息，推送主管税务局有针对性地开展政策宣传辅导，确保政策服务对象更精准。加强与科技部门联动，共同开展全省高新技术企业认定、研发费用加计扣除优惠鉴定等工作，协商和解决工作中出现的问题。开展政策宣传培训，从科技、税收政策帮助企业破解技术创新难题，提高发展核心竞争力，帮助企业正确核算技改研发投入，为企业申报享受税收优惠打好费用核算基础。

有针对性地帮助企业享受全链条优惠政策。全面梳理产业链图谱，将税收政策和服务举措按照链条进行规整集合，同时为产业链上下游企业"搭台子"对接需求，"链"接资源，助力企业创新发展。落实研发费用税前加计扣除、科技成果转化税收减免政策。支持企业更多参与国家重大科技项目，强化企业科技创新主体地位。实施科技创新专项担保计划，加大国家融资担保基金对科技型中小企业风险分担和补偿力度,引导金融机构为高新技术企业提供低成本信贷支持。

五、推进部门协同创新联动

坚持系统观念、统筹推进,明确跨部门协同创新责任分工。加强整体设计,一体推进监管体制机制建设,统筹各类监管资源,加快建立全方位、多层次、立体化监管体系,实现事前事中事后全链条全领域监管。行业主管部门要会同相关监管部门依照法律法规、"三定"规定和权责清单,逐项明确跨部门综合监管事项责任分工。对行业主管部门不明确、监管边界模糊、监管责任存在争议的新产业新业态新模式,与之相关的各部门都要主动履职、密切配合,防止出现监管空白;同时,要按照领域归口、业务相近原则和新产业新业态新模式的主要行为特征,会同有关方面及时对其研判定性、明确监管职责。县级以上地方人民政府要全面落实属地监管责任,对本地区涉及多部门监管的事项,要结合地方机构设置和监管力量配置等情况确定监管部门和职责划分,确保事有人管、责有人负。对存在部门管辖争议的行政执法事项,各级司法行政部门要加强协调。

坚持问题导向、突出重点,健全跨部门协同创新工作机制。聚焦监管薄弱环节,加快完善风险隐患突出的重点领域、新兴领域跨部门综合监管制度,补齐监管短板、堵塞监管漏洞,切实把该管的管好、管到位。行业主管部门要会同相关监管部门根据监管需要,建立健全协同高效的跨部门综合监管工作机制,明确议事会商、情况通报等工作要求,有效整合监管资源,统筹监管政策制定,督促监管责任落实,推动监管信息共享,组织联合执法检查。已建立相关工作机制的,要进一步完善运行规则,加强业务统筹,强化跨部门综合监管职能作用。县级以上地方人民政府要结合区域实际,分事项建立健全相关跨部门综合监管工作机制,加强统筹协调,推动解决突出问题,防范化解重大风险。

推进问题线索跨部门联合处置。不断拓宽问题线索收集渠道,通过12345 政务服务便民热线、全国一体化在线监管平台以及行业协会、新闻媒体等多种渠道广泛收集问题线索，加强大数据分析，形成社会多元共治合力。建立健全问题线索分办、转办和查处工作机制，对涉及多部门监管职责的问题线索，及时转送相关部门协同开展核查，依法依规进行处理，既要做到应查必查、有效处置，又要防止多头检查、重复处罚。各部门在工作中发现属于其他部门监管职责的违法违规行为，要及时将线索等推送给相关部门，相关部门要及时进行调查处理。

坚持数字赋能，大力推进监管信息互通共享。创新监管理念和方法，结合跨部门综合监管事项风险特点，加强信息技术运用，统筹推进业务融合、数据融合、技术融合，实施精准有效监管。各地区各部门要着力打通数据壁垒，以跨部门、跨区域、跨层级数据互通共享支撑跨部门综合监管。依托已有政务数据共享交换平台做好与自然人、法人、空间地理、电子证照、公共信用、监管行为等信息库的对接联通，按跨部门综合监管业务场景需要共享本地区本领域审批和监管数据，明确数据回流和交换规则，确保数据归集规范有序、使用安全高效。相关部门要结合跨部门综合监管具体事项风险监测、协同执法等业务需求，明确信息共享的范围、方式、程序、时限、频次和保密要求等。

着力推进跨部门整合创新资源。打造科技创新策源地需要打破部门间的组织壁垒。应充分发挥企业在科技创新中的主体作用，引导科技型骨干企业与国内外高校科研院所、上下游企业、相关科技服务机构开展深度合作，打造创新资源协同、供应链互通、产业链共享的创新联合体，推动各创新主体优势互补、成果共享、风险共担，着力提升产业链供应链、创新链的韧性和活力。

第三节　完善协同创新生态

一、构筑协同创新政策体系

推进政策协同创新。坚持党对科技创新的全面领导，加强科技创新事业顶层设计，强化统筹谋划和总体布局，充分发挥国家发展规划战略导向作用，确保科技创新的战略目标与国家整体发展战略保持高度一致,通过制定详细的科技发展规划,明确重点发展的技术领域和关键科技任务。构建以企业为主体、市场为导向、产学研结合的技术创新体系,加强战略性产业的原创性和关键领域的整合创新能力,充分联动知识创新体系、国防科技创新体系、区域创新体系以及科技中介服务系统,共同组成国家创新体系。

促进"四链"融合。推进创新链、产业链、资金链和人才链融合发展,相互促进。产业链是主体,资金链和人才链是创新的要素,创新链是动力。推进参与主体与创新要素之间形成开放协同的创新生态系统,促进协同程度进一步加深。支持推进基础研究,推进关键核心技术攻关,进一步强化国家科技创新"策源地"的地位。要进一步优化创新创业生态,使基础研究、应用研究和产业化之间的双向链接更加畅通。充分发挥企业的主导作用,推动重大项目的协同与研发活动的结合,大力推动以龙头企业为主导,多种创新主体共同参与的创新联盟,建立高效、有活力的公共技术供应系统,提升科技成果的转化效率。

二、协同推进核心技术攻关

发挥国家自然科学基金带动作用,推动实施一批基础研究和应用基础研究重大项目。推动设立国家层面科技研发风险资金池,实施关键核心技术攻关风险分担,鼓励企业等社会力量加大基础研究投入。制定实施基础研究计划,围绕量子科学、宇宙演化、地球科学、物质结构、脑科学等开展前沿交叉学科研究,加强集成电路、新能源、现代农业、生物技术、信息网络安全等应用基础研究,推出更多原创性成果。支持各省、自治区、直辖市联合实施科技创新合作计划,开展新一代信息技术、人工智能、航空航天、资源环境、量子科技、生物医药、轨道交通、现代农业等重点领域联合攻关。聚焦集成电路与新型显示、工业软件、航空与燃机、钒钛稀土资源、轨道交通、智能装备、生命健康、生物育种等重大科技需求,按照"成熟一项、启动一项、一项一策"的原则,布局一批重大科技专项。

三、联合推进创新人才培养

深化人才发展体制机制改革，提高人才配置效能。促进人才跨区域、跨所有制流动，建立以品德、能力和业绩为主的职称评审导向，有序下放职称评审权，完善高层次人才市场化认定机制。完善技术技能评价制度，健全高技能人才政府补贴制度。完善以增加知识价值为导向的分配政策，对急需紧缺高层次人才鼓励用人单位实行年薪制、协议工资制、项目工资制等灵活多样的分配方式。完善国家、省、市、县四级服务保障体系，为符合条件的重点人才提供子女就学、安居、医疗等服务。深入推进农村科技特派员制度。支持高等学校、科研院所、医疗卫生机构等合办高水平学术期刊。

开展海外高层次人才招引，培养高层次人才和团队。动态调整引进人才结构，重点引进战略科技人才、科技领军人才、青年科技人才、基础研究人才和高水平创新创业团队。大力引进携带技术、项目、资金，能够促进高新技术产业发展的高层次人才及团队。鼓励有关部门和省份实施人才计划（工程、项目），向重点产业一线领军人才、青年人才倾斜。加大对重点产业、重大项目、重点学科的倾斜支持力度。对重点产业急需、掌握"卡脖子"技术或填补学科空白的高层次人才及团队，采取一事一议、一人一策方式量身支持。加强创新型领军型企业家培养，对高层次人才创办企业或核心成果转化情况进行跟踪支持。

四、搭建协同创新服务平台

推进协同数据资源共享。做好多源数据汇聚整合，加强对政务数据、公共数据和社会数据的统筹管理，协同推进公共服务机构、相关企业和第三方互联网信息平台等数据融合，形成不同层面的数据协同共享机制。深化数据要素市场化配置改革，优化数据中心建设布局，推动算力、算法、数据、应用资源集约化和服务化创新。面向数据采集、存储、治理、分析、流通、应用等关键环节，加快培育新技术新应用新业态，推动各类业态协同发展，提高数据产业生态塑造能力。推动开展大数据综合应用,依托全国一体化政务服务平台和国家"互联网＋监管"系统,深化政务服务和监管大数据分析应用。面向国家重大战略需求,围绕数据领域核心技术突破、资源体系构建和数据基础设施建设等,组织实施一批补短板、强基础、利长远的重大工程,实现数据科技高水平自立自强。

支持创新平台共建共享。建立科技基础资源、大型科研仪器共享共用机制,支持大型科研仪器设备出租、出借或作价投资及开放共享。支持科技型中小企业利用重大科研基础设施和大型科研仪器共享平台等服务平台开展研发活动。推动科技信息资源整合,推进科技专家库、科普资源等共享共用。在政府财政资金引导下,支持企业联合重点高等院校、科研院所、新型研发机构,围绕重点产业建设技术创新中心,支持符合有关定位和条件的工程技术研究中心转建技术创新中心。2013 年到 2023 年,我国各类协同创新平台大幅增长,其中国家级孵化器数量最多,2023 年已经达到 1 606 家(见表 5-1)。

表 5-1　2013 年和 2023 年各类协同创新平台数量

类别	2013 年	2023 年
国家级大学科技园	94 家	139 家
国家级技术转移中心	11 家	约 60 家
国家级孵化器	504 家	1 606 家

第六章
国外科技创新经验借鉴

第一节　硅谷科技创新之路

一、硅谷基本情况

科技是第一生产力，科技体制决定科技发展。美国作为老牌科技强国，在世界科技产业链中占有重要地位。美国科技类上市公司市值规模领先，City Index 发布的 2023 年全球市值前十的企业名单显示，全球市值前 10 名的公司中有 7 家是美国科技类公司，分别为苹果（Apple）、微软（Microsoft）、谷歌母公司（Alphabet）、亚马逊（Amazon）、英伟达（NVIDIA）、特斯拉（Tesla）、Meta。2024 年 12 月 14 日，爱集微在 2025 半导体投资年会暨 IC 风云榜颁奖典礼上公布市值超千亿美元半导体公司榜单，11 家公司中有 9 家为美国公司，分别是英伟达、博通、AMD、德州仪器、高通、应用材料、美光科技、英特尔、ADI。美国是世界高新技术产业发展的领跑者。20 世纪末美国经济增长的主要原因在于其高新技术产业的蓬勃发展，而位于美国加利福尼亚州北部、旧金山湾区南部的硅谷是美国兴起最早、规模最大的高新技术产业中心。

"硅谷"一词最早出现在 1971 年的《每周商业》中，硅是半导体制造的主要原材料,又因地处峡谷,名字由此而来。自 19 世纪末出现电子工业萌芽以来,硅谷开始出现工业企业,通过发展电子元件而一跃成为世界著名的高科技园区。1951 年建立斯坦福大学工业园,招引大量技术研发企业入驻,初步形成以高科技企业为基础的网络系统。1980—1995 年,硅谷经历了由低谷向高潮的转变。1995 年至今,它迎来了软件业和网络业的大发展时期,成为行业的先锋。

美国硅谷是全球最重要的科技中心和创新基地,是发达国家实施科技集聚的典型代表,是全球高科技产业的诞生地、高科技集聚区的代名词。硅谷孕育了包括苹果、谷歌、英特尔、惠普、甲骨文、IBM 等多家世界知名高科技企业,拥有 30 多家《财富》1 000 强公司的总部,拥有 40% 的美国 100 强企业,硅谷地区人口占美国总人口的 1%,却创造了美国 13% 的专利。硅谷以微电子工业为主导,现已形成微电子产业、信息技术产业、新能源产业、生物医学产业等多个产业集群,是全球各大创新型区域的成功样板。

二、主要做法及成效

(一) 建立敏捷创新的产学研生态

硅谷科技创新的蓬勃发展离不开政府、高校、企业之间形成的彼此共生、协同发展的关系。政府发挥宏观调控作用,高校不断向硅谷科创体系提供创新人才和技术成果,科创企业助力科技成果转化输出产品并主导行业发展,形成了对内对外的技术转化服务体系和产学研一体化生态科技体系,推动研发机构优化改革、科创企业蓬勃发展以及创新网络更新迭代,实现转型升级。

(1) 政府层面

美国政府在斯坦福和硅谷的发展初期起到了至关重要的作用。即使美国是典型的市场经济,但仅借助单一的市场力量无法实现持续创新,因此需要政府的介入,从宏观层面健全科技创新相关战略导向,提供资金支持,调控区域生产成本、市场秩序创新环境,使市场与政府之间保持有效平衡。

政府为研究型大学提供资金支持。一方面,政府通过同行评审委员会对资助项目进行盲审评估的方式，将研究预算直接授予项目负责人，避免直接制定项目，保证了资金支持的公正性。另一方面，美国政府在冷战期间投入了大量资金于军事技术研究领域，特曼带领斯坦福大学与联邦政府合作建立了 EDL（西尔维尼亚电子国防实验室）和 ESL（电磁系统实验室）等实验室，促使了无线电和晶体管技术研究的迅猛发展。

政府为初创企业提供市场支撑。美国海军是早期无线电技术的主要买家。20 世纪 50 年代，晶体管价格居高不下，一台电子计算器的价格相当于一辆汽车价格的 1/4。政府出于对国家安全的考虑，需大量采购晶体管、电子微波管等高科技产品，且对于价格的敏感度较低，因此支撑了惠普、洛克希德·马丁、Watkins Johnson、英特尔等初创企业前期技术升级和降低成本。

政府为中小企业科技创新架桥铺路。硅谷的中小企业通过与成熟的科技企业联合得以迅速成长，大型企业作为初创企业产品和服务的购买者，初创企业作为产品和服务的提供者，成熟企业和初创企业的良性互动激发了企业创新动力，使得初创企业在"开放式创新"的实践中获益。此外，美国政府出台多项支持小企业科技创新的专项计划，以加大对各类发展较为成熟的中小型高科技企业的扶持力度，为小企业提供研发资金，以推动企业商业开发和技术创新，也有效提升了社会各界对于中小企业技术能力的信任度。例如，出台小企业技术转移计划（STTR），旨在加强公共与私营部门的伙伴关系，扩大小企业和非营利研究机构的合作机会，通过合作研发促进技术转让，推进私营部门使用联邦研发经费进行创新的商业化进程。

（2）高校层面

硅谷拥有一批世界一流的极具创新精神的大学。硅谷区域内的斯坦福大学、加州（伯克利）大学、卡内基梅隆大学（硅谷校区）和圣塔克拉拉大学等 4 所大学与其他几十所专业院校为整个区域提供扎实的智力和人才支撑，硅谷的知识和技术密集度久居美国之首。硅谷区域内的高校注重研究与开发新理论、新工艺、新结构，积极开展"产学研"模式，助力科技成果转化应用，并培育优秀的高技术人才源源不断地输送至头部企业，为硅谷的科研发展提供了不竭的动力。

大学"产学研"合作的开展模式主要分为两种，通过将科技成果对外授权获取授权费、版税、股权等的传统模式和与企业开展定向合作研究完成成果转化的新型模式。一是大学通过设立技术授权办公室 OTL（Office of Technology Licensing）打造技术转化的全流程服务体系，促进学校与工业行业加深联系。OTL 作为连接美国大学与行业的重要纽带，是技术转化机制的核心部门，主要由具有科研或技术背景的项目经理组成。OTL 负责对技术转化的全生命周期进行管理，其将会同发明者对科研成果或发明的可转化性开展评估和制定许可策略，此外还会进行技术和风险评估、商业价值评估，并在此基础上寻求目标公司、商讨合作条款等。同时，技术授权的回报形式多样，比如授权费、版税、股权等。以斯坦福大学为例，2024 年 10 月 9 日，斯坦福大学 OTL 网站公布了其 2024 财年①科技成果转化成绩单，整个 2024 财年斯坦福大学许可专利 111 项，总收入为 6 800 万美元（约 4.8 亿元人民币），孵化了 21 家创业公司，达成了 2 177 项产学研合作协议，累计拥有 4 500 项可以对外许可的技术（当年新增技术 541 项），累计拥有有效专利 2 504 项（当年新增授权专利 201 项）。此外，斯坦福也鼓励师生凭借研究成果创业，学校可以给予市场、资金、技术等方面的支持。2004 年谷歌上市后斯坦福大学作为早期投资人退出，仅这一项投资收益就达到 3.4 亿美元。二是不同于传统的线性产学研模式，大学负责研究、企业负责商业化，各自分工明确，硅谷区域内的大学与硅谷企业建立双向交流机制，将研究成果转化投入市场的技术授权作为众多合作模式中的一个，此外，大学与企业间还建立了咨询研究、材料转让、设备出租、数据共享、人才合作培养等多形式、多主体的协作机制。例如斯坦福大学的 BIO-X 项目与强生、诺华等十余家生物制药巨头合作开展如访问学者助学金、资助合作研究、赠予基金等多种形式的研究计划。根据斯坦福披露的数据，2020 财年，通过工业合同办公室（Industrial Contracts Office，ICO），学校与企业签订了 1 574 份协议，其中有 153 项资助研究协议、538 份材料转让协议。这些项目大大拓宽了斯坦福和企业之间的合作范围与内涵。

硅谷大学的学术创业氛围浓厚。为培养学生在校期间的创新创业兴趣，斯坦福大学成立了创业研究中心、创业工作室等校内创业教育组织，并设有

---

① 斯坦福大学 2024 财年周期为 2023 年 9 月 1 日—2024 年 8 月 31 日，不是按照自然年度。

独特的校友导师制项目，由校外创业精英组成的校友导师既可以为校内学生提供参与创业峰会和活动的机会，又能够直接将优秀学生推荐给企业作为储备人才。尽管斯坦福大学和伯克利大学均未出台专门用以激励教师参与创业的特定政策举措，但参与创业实践已然演变为教师紧密接轨前沿领域、有力促进教学科研水平提升的关键路径之一。此外，硅谷创业公司中相当一部分创始人是从斯坦福大学博士毕业，在取得一定成就后，不少企业创始人或首席执行官会返回母校演讲、捐赠，为在校学生开拓创业思路，激发创业热情。

硅谷大学的师资力量强劲。斯坦福大学前副校长特曼教授提出"卓越塔尖"（Steeples of Excellence）的理念，是要让斯坦福成为一流的大学，必须要有一流的教授。美国联邦资助所实行的同行评议制度决定了唯有具备顶尖水准的师资队伍，才有可能获取更为丰厚的联邦资助。在一批杰出教授与优秀教师的引领之下，大学于各类奖项中披荆斩棘、揽获颇丰，创下累累佳绩。据有关数据统计[①]，截至 2020 年 3 月，共有 83 位斯坦福大学的校友、教授及研究人员曾获得诺贝尔奖（世界第七）、28 位曾获得图灵奖（世界第一）、8 位曾获得过菲尔兹奖（世界第八）。此外，斯坦福大学在化学、物理和电子工程方面的学科优势也吸引了大量理工科学生前来求学，斯坦福也已经累计为硅谷输送了数以万计的"新鲜血液"。

（3）企业层面

企业之间高效协同，通过集聚降低企业间的合作成本。一是从产业链方面，初创企业为成熟企业提供上游产品、技术等，减少初期的营销成本与市场风险，如 SaaS（软件即服务）领域巨头 Salesforce 在创立初期面向企业级客户提供客户关系管理软件服务，成功避开直接面向终端消费者带来的高营销成本与大市场风险。二是从股权角度，在成熟企业并购初创公司扩充产品线的同时，初创企业可借助巨头网络推广产品，而股东可以获得更方便的退出通道。三是从系统角度，企业作为"产学研"生态中重要的一环，只有不断壮大，才能产生收入并贡献税收。因此吸引人才流入、产业集聚，可为企业发展形成正向推动，带动区域经济蓬勃发展。比如，斯坦福的校友们创立了惠普、谷

---

① https://baijiahao.baidu.com/s? id=16786066784952270418&wfr=spider&for=pc.

歌、雅虎、思科、英伟达、Twitter、LinkedIn、Netflix、Instagram 等硅谷巨头。

企业及高校之间建立了紧密的校企人脉纽带。硅谷企业与科研人员联系紧密,不少企业创始人和高管与在校科研人员存在师生、同学或校友关系。比如,特曼利用军方资源助力惠普初期发展,解决资金与订单难题,并长期担任董事提供咨询,待惠普壮大后,其创始人基金会向斯坦福大学捐赠巨额资金用于基础教育与研究。

大小企业共生共荣。**大型企业引领带动**。大型企业以集成式创新为理念打造整合式创新生态。一是作为主要投资者,主导研发投入,对内依托内部研发机构攻克核心技术,对外收购或投资新创公司,如谷歌广泛收购机器人、尖端医疗等其感兴趣的各个尖端技术领域公司。二是成立内部孵化器支持员工创业,如思科建立内部创业机制鼓励员工成立附属公司,并为其团队注资助力发展。三是整合分散创新资源,搭建平台协调指导其他企业开展创新。**中小企业借力发展**。中小企业因自身发展空间有限,多依靠政府及头部企业扶持,进行创新式发展。一是借助国内发达的企业级服务商进行宣传,如多数中小企业用脸书、谷歌投放广告。二是依靠政府和大企业扶持,美国制定系列政策,允许中小企业与政府合作研发、注册知识产权等,并拿出部分资金支持中小企业技术研发。三是结合市场化与政策性融资,通过业主储蓄、亲友借款、银行贷款等多种融资渠道获取资金助力中小企业发展。

(二) 建立完备的创新政策体系

有效的法律法规是释放创新网络潜力的重要保障。美国联邦政府先后颁布一系列法律法规,建立了鼓励创新、保护创新的高效运行的法律体系,严格的专利保护制度、成熟的创新主体推动政策、商业化促进政策保证了技术创新的优质环境,催生了庞大的中小企业服务组织,极大促进了技术创新和成果转化。例如,建立知识产权保护和专利制度,2011 年颁布《专利法》;允许大学、研究机构、非营利机构和小企业拥有利用联邦资助发明的知识产权,进一步推进"产学研"合作,1980 年颁布《拜杜法案》;通过税收制度推进风险投资增长,激励企业创新;通过建立庞大的技术转让机构网络,使科研成果尽快进入市场等(见表 6-1)。

表 6-1　美国科技创新相关政策(节选)

序号	法案名称	发布时间	主要内容
1	《版权法》	1976 年	补充对著作权保护对象的范围,注重对著作权人经济权利的保护,放弃严格的著作权标记和登记制度
2	《拜杜法案》	1980 年	理顺大学发明成果的产权归属问题
3	《国家合作研究法》	1984 年	放松对合作研究的反垄断管制
4	《联邦技术转让法》	1986 年	提出联邦政府雇用的科研人员对于职务发明专利的技术转让收入可提成一部分
5	《商标法》	1988 年	将单纯"实际使用"方可获得商标注册的规定调整为明确"意图使用"也可以获得商标注册
6	《综合贸易与竞争法》	1988 年	强调加强技术转让,并由此成立了国家标准与技术研究院,建立区域制造技术转让中心
7	《国家技术转让与促进法》	1995 年	允许非联邦合作伙伴选择专利许可,以此来激励合作研究产生技术的商业化
8	《技术转让商业化法》	2000 年	赋予联邦机构对其发明进行专有或部分专有许可的权限,增加了中小企业优先条款
9	《专利法》	2011 年	将长期采用的"先发明制"即专利权授予最先作出发明的发明人,修改为"发明人先申请制",即专利权授予最先申请专利的发明人
10	《创造有益的半导体生产激励措施(CHIPS)和科学法案》	2022 年	提供投资和税收抵免两项政策,旨在振兴美国的半导体制造业,并强化全球半导体供应链
11	《2030 年半导体十年计划》	2023 年	确定与智能传感、内存和存储、通信、安全和节能计算相关五个行业的重大转变
12	《微电子和先进封装技术路线图》(MAPT)	2023 年	总结技术进步的关键驱动因素,为如何突破十年计划中概述的技术挑战提供指导,并为培养实现创新战略所需的人才制定战略

相比之下,加州的法律环境更为宽松,通过制定恰当、有效的政策和法律来保证和推进硅谷的发展,因此硅谷在扶持高科技产业的政策方面的优势更加明显。比如,2020 年 1 月 1 日起,《加州消费者隐私法案》(CCPA)正式生效,是美国第一个全面的隐私法,为加州消费者提供了多种隐私权利;《加州经营和职业法典》规定从 2024 年 1 月 1 日起,任何竞业禁止协议(无论在何处签署)在加州均不可执行。此外,加州每年拿出总预算的一部分来投入到与

研究行为有关的事项,大规模的科研经费投入,使各个企业的创新能力得到了很大提升。硅谷还依托斯坦福大学和加州大学伯克利分校等美国科技力量雄厚的顶尖大学,将科学、技术、生产融为一体,构建了硅谷产业集群创新生态系统。

(三) 孕育独特的创新文化

在高技术产业的特殊环境中,硅谷逐渐孕育出一种独具特色的多元文化风格,对高新技术产业的进一步发展壮大产生重大影响。无论人种、语言,只要你有才能和特长,都能在硅谷找到一席之地。据有关数据统计,硅谷外籍人口占比高达近40%,国外移民将多元的文化和技术带到硅谷,为硅谷的科技创新打下了良好的基础。

一是硅谷文化崇尚竞争与合作相结合的理念,使创业者能够对自己的工作能力和学习水平的提升保持良好的学习热情,并在与对手的竞争中不断学习,使得硅谷整体的环境氛围形成双向互动。一方面注重团队意识的培养,鼓励员工依靠协同、合作和群体的力量不断提升自身能力和水平,形成双向知识交流氛围;另一方面崇尚竞争,促使员工在竞争中向对手学习,从对手身上汲取成功经验与优秀品质,提升自我。二是硅谷文化鼓励良性流动,以促进技术和人才的培养。硅谷鼓励适度的人才跳槽,此种行为不但不会被斥责,而且还会得到支持与鼓励。加州政府明确表明不允许限制跳槽或创业,禁止公司之间私下达成的相互不挖角的协议,硅谷文化认为这将有益于技术扩散和有效培养经验丰富的企业家。三是硅谷文化将失败作为宝贵的财富,对于失败有很强的包容性,激励员工从失败中汲取经验并不断尝试,激发员工勇于探索创新的热情。

(四) 建立稳健成熟的风险投资机制

硅谷是全球最具竞争力的风险投资市场,其日趋成熟完善的风险投资机制,为区域内企业搭建了一个崭新的金融环境,促使其有发展前景的技术创新可获得资助,以实现技术不断迭代更新;同时,也为初创公司筛选和阶段性成长提供了一种关键的监控机制,从大量创业项目中精准选出有潜力的项目,在公司成长各阶段持续跟踪、灵活调整策略,保障初创公司稳定发展。风险投资在硅谷科技创新方面的助力主要具有以下几个特点。

（1）具有显著的集聚特性

从地理位置上看,斯坦福大学附近的沙丘大街3000号宛如一块强大的磁石,吸引了超200家风险投资公司汇聚于此。其毗邻顶尖高校的天然优势,使得科研资源与人才能近水楼台先得月般被风投机构所用,进而让该地跃升为美国风投活动的心脏地带,掌控着全美三分之一的风投资金流向。从资金方面看,根据《硅谷指数2024》①,2023年硅谷和旧金山公司的风险投资总额为305亿美元,占全美总额的34.3%;其中,超过1亿美元的大额交易占创业投资（VC）总额的63%,创下历史新高;生成式人工智能赛道成为风投本新宠,获得风险投资41亿美元,占硅谷地区全部人工智能公司所获风险投资总额的44%。

（2）对初创企业深度赋能

一是起到资金输血的作用,初创企业处于从技术构思迈向市场实战的脆弱起步阶段,风投是绝佳的孵化器,可为企业提供资金支持,推荐并引入优质人才,还能帮助企业进行流动资金的融资运作,助力其技术设想落地转化为实体产品。二是起到经验加持的作用,既懂业务又富于经验的风险投资家不仅慷慨解囊为初创企业给予资金支持,更躬身入局深度参与所投企业的日常运作,重点围绕市场定位、技术开发、商业模式搭建等关键环节出谋划策,为初创企业补齐管理经验欠缺的短板。

（3）具有成熟完备的投资机制

一是设立了一套精准的筛选与动态监控体系。硅谷的风险投资市场竞争激烈却又井然有序,在项目遴选环节,依据技术创新成色、市场前景广度、团队协作能力等多元指标严格把关,筛出潜力股;投资落地后,持续追踪企业成长轨迹,依据不同发展阶段的痛点与需求,灵活调整投资策略,精准投放资源。二是催生了多元配套服务协同发展的良好局面。硅谷的律师事务所、会计师事务所、导师网络等商业基础设施紧密交织,构筑起一张为创业公司遮

---

① 长城战略咨询,《硅谷指数2024》:透过数据看硅谷的繁荣及其背后的挑战。

风挡雨的防护网,各施所长,为初创企业提供除直接融资之外的专业服务。此外,专业科技服务公司别出心裁地以股权置换服务费用,此种利益捆绑模式促使其在招揽新客户时精挑细选,同时化身商业智囊与交易红娘,全方位助力创业公司茁壮成长。

(五) 建立多元融合的人才体系

硅谷拥有一批顶尖的人力资源,在人才流动与文化氛围营造方面独具特色。一是硅谷对人才的包容性极高,不以出身定高低,只以才能论英雄,因此汇集了来自世界各地的高端人才,为硅谷不断输入新的活力和血液。二是硅谷支持和包容人才的流动与组合,人才的高流动性促使企业裂变、技术外溢,加速了知识与技术的传播扩散,为科技创新按下"加速键"。三是硅谷孕育了开放包容的文化,秉持"鼓励明智失败"的理念,让人们普遍接纳失败是创造机会、实现更好创新的阶梯,这种宽松氛围吸引全球人才汇聚,鼓励人才勇于尝试创新,为人才成长提供沃土。

高校作为人才的摇篮,展现出强大的培养与输出能力。一方面,斯坦福大学等顶尖高校如同"锚定加"模式中的核心锚机构,凭借自身深厚的学术底蕴与科研实力,源源不断地向外辐射科研成果,输出人才,成为带动整个区域创新发展的关键力量,为硅谷注入了源源不断的创新活力。另一方面,高校注重多学科人才的培育,培养出工程、计算机科学、生物学等不同学科背景的人才,他们带着跨学科知识汇聚于此,不同专业思维的碰撞融合,为科技创新中的跨界合作提供了无限可能,催生了诸多新技术、新产业。此外,高校科研人员和学生积极投身科研成果转化,有的直接创业,有的与企业紧密合作,将理论知识与实践无缝对接,大大加速了科技成果从实验室迈向市场的进程。

科创企业在人才管理与发展上也颇有建树。一是以敏锐的市场洞察力挖掘高校科研成果中的商业价值,果断投入资源助力转化,将人才的智慧结晶打造成产品推向市场,让人才的价值在市场中得到充分彰显与提升。二是企业重视内部人才培养,通过构建涵盖内部培训、导师制、项目实践等多元方式的培养体系,持续提升员工的专业技能与综合素质,为技术创新筑牢人才根基。三是凭借自身的品牌影响力、优厚的薪酬待遇以及广阔的职业发展空间,吸引全球优秀人才纷至沓来,不断扩充人才队伍,增强创新能力与竞争力。

政府同样为人才发展营造了优良环境。一是积极推动科技人才政策改革,制定宽容的移民政策、优厚的资金支持政策以及广泛的国际交流合作政策等,吸引了大批国际科技人才奔赴硅谷学习、工作与定居,为科技创新注入了源源不断的人才动力。二是致力于营造自由开放的创新发展环境,通过完善创新创业、税收、反垄断、知识产权保护和专利制度等法律法规与政策措施,保障人才合法权益,激发人才创新积极性。三是加大对高校和科研机构的教育投入,助力高校开展前沿科学研究与人才培养,提升高校科研水平与人才培养质量,为科技创新夯实人才基础。

三、经验借鉴

(一) 大力推进产学研合作

(1) 强化产教协同

一是要发挥高校优势,推动角色转型。中国的高校应立足自身建设世界一流大学和一流学科的目标,以产教融合、校企合作为重要突破口,积极推动在人才培养、课程设置、教育实践等关键环节的转型。在人才培育上,强化实践教学,依据产业需求优化课程,促使学生无缝对接市场;在教育实践环节上,将产业实际需求融入教学内容,同时减少在企业管理、市场开发等方面的精力分散,多引入企业真实项目,提升学生解决实际问题的能力,集中力量发挥高校作为"创新源"的关键作用,为产学研合作提供坚实的智力支持和创新成果。二是要精准锚定研究方向,突出协同合作重点。高校要紧跟"中国制造2025""互联网＋"等国家战略步伐和当前重点聚焦的人工智能、大数据、新能源等前沿领域,主动对接知名科研机构以及行业头部企业,建立深度战略合作关系。聚焦产业升级瓶颈、核心技术环节,联合开展重大科技专项攻坚,集中优势资源力求突破芯片制造、高端装备研发等关键技术束缚,让科研成果切实赋能产业发展。

（2）构建合作机制

一是创新合作模式，促进创新创业。鼓励高校建立"市场主导、企业出资、教授牵头、校企共管"的合作机制，加强各创新主体间的高效协同。比如，量身定制创业课程，高校以企业实际难题为课题开展合作研究，为企业提供定制化的解决方案，同时通过人才委培等方式，为企业输送既具备扎实专业知识又了解产业实际的高素质人才，全方位锻炼大学生创业实操本领。此外，建议高校出台一系列鼓励衍生企业发展的资金、资源、人力等方面的扶植政策，如设立创业基金、提供场地支持、给予技术指导等，推动大学前沿技术的产业化发展，培育更多具有创新活力和市场竞争力的科技型企业，助推前沿技术落地开花。

二是完善协同创新机制。政府应加强引导和协调，完善产学研协同创新机制，打破高校、科研机构与企业之间的壁垒。建立健全信息共享平台，搭建信息共享桥梁，实现创新资源的高效配置和协同利用。此外，还应鼓励高校和科研机构设立专门的技术转移机构，负责科研成果的筛选、评估、转化和推广等工作，并完善对高校和科研人员的绩效考核机制，将对行业的支持和贡献纳入考核指标体系，激发科研人员参与产学研合作的热情。

（3）搭建服务体系

一是建设多层次科技中介服务体系。借鉴硅谷经验，着力培育和发展一批专业化、市场化的科技中介服务机构，涵盖技术评估、知识产权交易等领域，作为纽带，精准串联产学研三方，提供从项目对接、成果转化到法律咨询的"一站式"服务，降低产学研合作的交易成本，提升转化效率。二是完善风险投资市场。政府应加大对风险投资市场的培育和支持力度，通过政策引导、法规保障等引导社会资本参与科技创新。建立健全风险投资的法律法规和政策环境，完善风险投资的退出机制，为风险投资机构提供良好的投资环境和保障。同时，鼓励高校和科研机构与风险投资机构合作，共同设立科技成果转化基金或创业投资基金，为产学研合作项目注入资金活水，分担创新风险，促进科技成果的转化和产业化。

（4）营造创新文化环境

一是营造开放创新、宽容失败的文化氛围。学习硅谷开放创新、宽容失败的文化,鼓励高校师生和科研人员积极参与创新创业活动,打破传统思维的束缚,倡导勇于尝试、敢于创新的精神。政府和社会应给予创业者和创新者更多的理解和支持,对创业失败的人员提供再就业指导和创业扶持,消除他们的后顾之忧,让创新成为一种自觉的行为和文化风尚,激发全社会的创新活力。二是加强知识产权保护。通过完善知识产权保护法律法规,加强对高校、科研机构和企业知识产权的保护力度。建立健全知识产权侵权预警和维权机制,提高侵权成本,保护创新者的合法权益。此外,加强对知识产权保护的宣传和教育,提高全社会的知识产权保护意识,营造良好的创新环境。

(二) 加大宏观政策支持

(1) 优化税收政策补贴机制

一是动态调整税收激励,针对转型期较长的技术密集型企业,建立动态调整的税收激励机制,根据企业创新发展的不同阶段和需求,适时调整税收政策,确保企业在整个创新过程中都能获得持续的动力和支持,降低企业创新成本,提高创新积极性。二是加大税收优惠力度,针对建设初期和中期的中小企业,制定有针对性的税收优惠政策,如对科技研发投入、创新成果转化等给予税收减免或抵扣,鼓励中小企业自主创新的热情。

(2) 调整财政支出机制

一是优化财政投入策略。坚持"有所为,有所不为"的原则,明确财政资金用于科技支撑的方向和重点领域,如科技成果转化激励机制、创新平台建设、人才培养和流动机制等,集中力量支持关键技术研发和重大创新项目。二是加强科技研发扶持。通过经费扶持、投资抵免、加速折旧、间接税收优惠等政策,扩大优惠政策覆盖面,持续增加对教育和科研的财政投入,对创新成果实行税收优惠按档匹配。三是创新资金管理机制。在投资方式上,加大包容性政策的支持力度,进一步创新科技计划资金管理机制,提高资金分配的科学性和合理性,加强科技投入绩效管理,建立健全资金使用的监督和评估机制,确保科技资金的使用效率和安全。

(3) 培育生产要素市场

一是完善资本市场建设。重视培育资本、技术、人才等生产要素市场,完善短期资金和长期资本市场的建设,形成完善的风险资金支持和风险投资机制,为科技创新企业提供多元化的融资渠道,满足不同发展阶段企业的资金需求。二是促进人才合理流动。建立完善的人才资本市场,促进人才资源流动,打破人才流动的体制机制障碍。建立健全劳动就业保障机制,为人才提供良好的职业发展环境和生活保障,吸引和留住优秀人才。

(4)加强知识产权保护

完善知识产权保护制度,进一步完善我国的知识产权法律法规体系,加强对专利、商标、著作权等知识产权的保护力度,提高侵权成本,加大对侵权行为的打击力度,为创新创业者提供坚实的法律保障。

(5)出台针对于中小企业的创新支持政策

一是完善立法建设,加强促进中小企业技术转移、技术创新、风险融资等方面的立法工作,通过完善的法律法规体系,切实加强对中小企业知识产权的保护,维护其创新利益,为中小企业创新营造良好的法治环境。二是建立专门机构和网络:设立负责和协调中小企业创新的专门机构和地区网络,为中小企业提供全方位、"一站式"的援助和服务,包括技术咨询、市场推广、融资支持等,帮助中小企业解决在创新过程中面临的各种困难和问题。

(三)构建创新创业生态体系

(1)优化创业环境

一是加强人才管理改革。扎实推进人才管理改革试验区试点,建立与国际接轨的高层次人才培育、引进、评价和使用机制,吸引全球优秀人才来我国创新创业。完善人才签证、工作许可、永久居留等政策,为海外人才提供便利。同时,注重本土人才的培养,加强高校和职业院校的创新创业教育,提高人才的创新能力和创业素质。二是完善容错和成本分担机制。深入实施重大创新容错政策,明确创新容错的具体情形和认定程序,鼓励科研人员和企业家大胆创新、勇于尝试,营造宽容失败的创新氛围。探索建立创业担保基金、风险补偿基金等创业失败的成本分担机制,降低创业者的风险压力,让创业者能够安心创业。三是改善公共服务。加大对住房、医疗、教育、交通等公共服务的投入,改善创新创业人才的生活条件,解决他们的后顾之忧,使他们能够全身心地投入到创新创业中。此外,加强城市基础设施建设,提升城市宜居宜业水平,吸引更多人才落户和企业入驻。

(2) 培育企业创新主体

一是扶持中小企业发展。实施企业创新主体培育工程,加大对科技型中小企业的税费抵免、资金扶持和跟进参股等政策支持力度,降低企业创新成本,提高企业的创新积极性。鼓励中小企业加大研发投入,开展技术创新和产品创新,加快形成铺天盖地的科技型中小企业集群。二是强化联合创新和平台搭建。大力推进中小企业之间以及中小企业与高校、科研机构之间的联合创新,搭建中小企业对接平台,促进技术、人才、资金等创新要素的流动和共享。加强对中小企业的技术产业化指导,帮助企业将创新成果转化为实际生产力。三是发挥龙头企业引领作用。鼓励龙头企业加大研发投入,勇闯创新"无人区",开展前沿技术研究,突破关键核心技术,为行业发展制定标准,如英特尔、苹果等硅谷企业,始终站在技术前沿,引领行业发展方向。此外,支持龙头企业搭建行业交流平台,促进产业链上下游企业协同创新,形成创新生态,提升产业整体竞争力。

(3) 培育创新文化

一是倡导冒险和宽容失败精神。鼓励创业者和科研人员勇于尝试新的想法和技术,不怕失败,营造一种开放、包容的创新文化氛围,让创新者能够在失败中汲取经验教训,不断成长和进步。宣传和弘扬成功的创新创业案例,树立榜样,激发更多人投身创新创业。二是促进知识共享和合作交流。建立各类创新创业交流平台和社区,促进创业者、企业家、科研人员、投资者等之间的知识共享和合作交流,打破行业壁垒和"信息孤岛",激发创新灵感和创意。鼓励企业之间开展合作创新,共同攻克技术难题,实现互利共赢。

(四) 打造科技创新产业集聚区

(1) 探索适配模式,创新科技服务与平台

一是依据不同城市群的产业特色、科技资源储备及主体合作模式,搭建创新科技服务模式与平台,定制探索科技服务业与产业集群的融合路径。例如,以电子信息产业为主的城市群,应着重发展软件研发、芯片测试等适配的

科技服务。同时,依托"互联网+"构建综合科技服务云平台,整合众创、众筹、众扶等多元化服务形式。以众创空间吸引创业者汇聚创意,通过众筹为初创项目募集资金,借助众扶机制整合资源助力企业成长,通过线上线下协同,促进科技资源在产业集群内高效流动与共享,推动业务流程深度融合及各主体紧密协同。

(2)强化多方链条,构建创新生态支撑

一是积极构建全方位创新生态支撑体系,强化技术创新链,以城市群内高校、科研院所为核心,加大基础研究与应用研究投入,推动产学研深度合作,如鼓励高校与企业共建联合实验室攻克关键技术难题,加速科技成果转化。二是完善科技服务链,发挥项目团队与专业科技服务平台机构作用,提供技术评估、知识产权申报、科技金融等"一站式"服务。巩固产业协作链,以产业技术创新战略联盟为纽带,组织产业链上下游企业开展联合攻关、标准制定等活动提升产业整体竞争力。优化政府支持链,城市群政府部门和高新区管理部门应制定落实税收优惠、财政补贴、人才引进等政策,营造良好的创新创业环境。

(3)培育特色园区,推动园区建设发展

一是大力培育和发展高科技园区,充分发挥企业集群优势,促进企业间良性竞争与深度合作,可定期举办园区内企业创新竞赛,鼓励企业开展技术交流与合作项目。建立健全园区内产业网络体系,明确企业间分工协作关系以提高生产效率,同时完善高速网络覆盖、便捷交通设施等基础设施建设,以及人才公寓、餐饮配套等全方位服务体系。二是精心培育园区创新文化氛围,通过举办创业沙龙、创新成果展示会等激发员工创新意识与创业热情。借鉴硅谷文化中包容失败、鼓励创新的精神内核,结合我国历史文化底蕴与产业特色,培育独特魅力的园区文化,如在文化创意产业园区融入当地艺术文化元素,将园区文化融入企业发展战略与员工日常工作,增强园区凝聚力与吸引力。

(4)优化产业组织,提升企业效能

一是在优化产业组织与企业结构上,构建以区域网络为基础的产业体系,借助行业协会组织的交流活动、企业间非正式合作等,促进企业在竞争中合作,分享先进技术、管理经验与营销手段。推行以团队为基础的网络型企业组织结构,打破部门壁垒,加强企业内部各部门及与外部供应商、客户之间的沟通协作,如采用敏捷项目管理模式快速响应市场需求。二是营造密集的社会网络和开放的劳动市场环境,吸引各类创新人才,激发创业精神,企业应建立适应个人创新的组织形式,如设立内部创新奖励机制、创新项目小组等,提升企业核心竞争力与市场反应速度。

第二节　日本战后科技创新战略变化及成效

一、战后日本科技战略发展

二战结束后,日本作为战败国,经济社会受到重创,"科技立国"作为国家发展的重大战略被提出。日本从技术引进型发展到自主研发走向科技创新强国道路,其科技发展政策的制定与实施随着世界格局的不断变化以及经济发展进程而持续演变。日本经历了从单纯的"吸收型"科技发展战略到自主开发,走上科技创新道路的过程,其科技政策的制定与实施也随着世界发展环境的变化而不断调整。

20世纪50年代,日本直接引进美国的技术和先进设备进行战后重建,颁布《企业合理化促进法》鼓励企业引进国外技术,并将产业重心转移至重工业、化学工业、机械制造等关键领域,为经济复苏奠定基础。进入60年代,技术引进等手段只能实现技术的起步,无法满足日本欲缩短与欧美国家差距的需求和决心,日本开始加强自主技术研发,推动产业技术升级。1956年和1959年,日本先后成立"日本科技厅"和"科学技术会议",并出台大量科技研究优惠政策,激发企业参与科研的积极性。20世纪70年代,受第三次工业革命影响,日本产业结构从资本密集型转向技术密集型,推行"科技立国"战略,成立综合研究开发机构。"科技立国"战略以"引进—渗透—优化—开发"为科技创新过程,确立重点科技创新领域,加大研发投入来输出商品和技术,使日本免走许多弯路,节省大量人力、物力、财力等资源,推动日本科技水平迅速达到世界领先水平。

20 世纪 80 年代中期以后,日本经济在面临知识经济兴起和信息化浪潮时,未能充分抓住机遇实现转型,随着泡沫经济的破裂,日本经济陷入长期停滞,这一时期被称为"失去的三十年"。加之日美贸易摩擦升级,双方签订"广场协议"导致日元升值等,促使日本政府深刻意识到自主创新能力的重要性,开始调整科技政策,进一步丰富"科技创新立国"战略,推动从技术追赶向科技领先转型。1995 年,日本颁布《科学技术基本法》和 5 年一期的《科学技术基本计划》,并发布每年政府科技预算,针对当前前沿科技领域进行布局,资助相关领域的基础研究和应用开发。在此过程中,日本一方面逐渐构建起符合日本国情的国家科技创新体系,建立形成高效协同的产学研合作体制;另一方面,持续保持高水平的研发经费投入使得日本始终保持世界先进科技水平。根据世界知识产权组织(WIPO)发布的《2024 年全球创新指数报告》[①]显示,日本位列全球第 13,东京-横滨地区依然是全球领先的科技集群。

二、日本科技创新特色

(一)日本科技创新体系

(1)科技政策顶层决策

日本政府自 20 世纪 90 年代起便积极制定和发布科技创新政策,逐步统筹管理各省厅的科学技术政策,并制定一系列制度与法规,旨在指导和促进合作研究活动。通过政产学研间的紧密互动,日本政府推动外来技术与本国技术的深度融合,加速技术创新成果向产业的扩散,从而不断增强日本科技在全球的竞争力。1995 年,日本颁布首部科技领域的基础性法案——《科学技术基本法》,以法律形式确立"科学技术创造立国"的战略方针。2014 年,作

---

① 根据世界知识产权组织发布的《2024 年全球创新指数报告》,中国排名第 11,拥有 26 个科技集群,全球数量最多。本期指数包含创新投入和创新产出两大方面 78 项指标,评估全球 133 个经济体。

为日本中央决策咨询机构的"综合科学技术创新会议(CSTI)"正式成立,内阁总理大臣亲自参与决策。CSTI主要负责审议日本科学技术基本计划、基础研究重要领域推进方案、科学技术创新改革方向以及重大科技项目等。CSTI会议所作出的决定由日本文部科学省负责执行,文部科学省还全面主导日本科技创新技术基本计划,并制定发布年度科学技术创新综合战略。

为加强政府对科技工作的领导和指导,日本政府部门,尤其是负责经济和科技工作的原通产省、大藏省、经济企划厅、科技厅(前述省厅于2001年合并或改名)等,通过对国内外形势的跟踪分析,不断向企业界提供国内外最新的科技动态和信息,分析预测各种新动向,提出各阶段科技发展的方法策略、目标要求及政策建议,为企业重大决策提供参考,确保政府制定的科技计划能够顺利实施。为解决科技发展资金问题,日本政府出台《外资法》《外汇法》等,保障技术引进费用;为鼓励科技发展,出台《科学研究费交付金办理规则》《工业化试验辅助金交付规定》《科学研究助成补助金制度》等一系列税收制度等。根据科技创新的实际需求,日本政府各部门纷纷进行机构调整与改革,构建更契合技术立国战略的组织架构。比如,原邮政省从仅负责邮政及邮政储蓄业务的官厅,转型为专注于信息处理和微电子技术发展决策的关键部门,并提议更名为"信息通信省";原通产省则增设"信息系统开发课"等专业机构;原建设省也新成立"尖端技术应用恳谈会",以更好地推动尖端技术在建设领域的应用与发展。

(2)"产学官"协同模式

"产学官"模式有效促进了日本创新技术的变革。在日本的"官产学研"协同创新体系中,"学"致力于为"产"和"官"培育专业人才、输送前沿技术;"官"与"产"紧密携手,从资金投入、政策扶持、就业机会等多方面为"学"提供有力保障;"产"与"学"深度合作,企业(产)与拥有高技术、高知识的大学(学)及公立研究机构(官)合作,共同进行新产品研发和新项目建设,推动技术升级创新及研究成果转化。1981年,日本政府开始实施"创造性科学技术推进制度",旨在打破部门界限,实行国内的开放型研究合作,使"官、产、学"三位一体,集中各方精英人才,从事创造性基础科学研究。从1982年起,日本政府还新设一项"共同研究制度",准许大学的公职人员利用企业资金,与企业的科技人员进行合作研究,也允许许企业中的科技人员以"共同研究员"的身份到大学研究室工作,类似美国的"旋转门"制度①。

日本大规模兴建"技术城市",并发展科学技术密集区和高技术科学园区,以实现工业布局的合理化。1983 年 4 月,日本国会通过《促进开发高度技术工业地区法》(即《技术城市法》),旨在推动"产、学、住"三位一体的新型地方城市建设,即"技术城市"。所谓"技术城市",指的是利用新技术的尖端产业,以及促进这些产业发展的信息服务业等("产"),理工科大学及高等理工科专业学校,从事基础研究和开发研究的公共研究机构等("学"),以及所有企业、研究机关、学校的职工住宅,文化娱乐场所和商店等("住")三位一体的新型地方城市。日本政府设想,新型的技术城市以人口在 15 万到 20 万左右的地方城市为"中心城市",在其周围建设新城区,其面积一般在 150—200 公顷,人口 4 万—6 万左右。东京-横滨作为世界排名第一的科技集群②,拥有金滨工业带和京叶工业两大临港工业区,是日本名副其实的经济和工业中心。进入 21 世纪,东京-横滨地区拥有高效的交通网络,包括高速公路、铁路、港口和机场,常磐自动车道和筑波快线是东京-筑波区段的主要发展轴线,连接东京和筑波科学城。其中,筑波科学城是全球超级科学城,集聚筑波大学和数十家高级研究机构,陆续设立 8 个工业研究开发区,目前已产生 6 位诺贝尔奖得主。东京-横滨地区通过强化工程链的设计力、制造现场活用 5G 等通信技术、加强数字化人力资源保障等策略,推动制造业向智能化转型,实现工程链和供应链的无缝连接。

(二) 高水平研发经费

(1) 持续增加科研经费

日本研发投入占 GDP 比重近年来持续保持在 3% 以上,2021 年至 2024 年,这一比重均达到 3.3%③。20 世纪 70 年代,日本政府陆续推出"经济自立

---

① 美国的"旋转门"制度是指政府官员、企业高管和智库学者等在政府、企业、智库等不同机构之间相互流动。

② 排名来自世界知识产权组织(WIPO)发布的《2024 年全球创新指数报告》。

③ 2024 年,中国 R&D 投入达 3.6 万亿元,同比增长 8.3%;占 GDP 比重 2.68%,同比增长 0.1%。其中基础研发经费为 2 497 亿元,占 R&D 投入比重的 6.91%。

5 年计划""国民所得倍增计划""经济社会发展计划"，极大推动日本经济持续高速增长。1960—1973 年日本经济年均增长 10%，而经济的持续增长有力促进研发投入、科技创新人才的增加。1955 年，日本研发投入是 GDP 的 1%，同期美国、英国、法国、西德（1990 年 10 月，两德统一为德意志联邦共和国，简称：德国）分别是 2.7%、2.0%、1.8%、1.5%，20 世纪 60 年代日本研发投入占 GDP 的比例通常保持在 1.6%—1.8%，但自 20 世纪 70 年代初期开始陆续超过法国、英国。根据日本最新 2024 年的财年预算，其中科学技术振兴费用达到 1.41 万亿日元，较 2023 年增加 150 亿日元；文部科学省的预算达 5.3 万亿日元，较 2023 年增加 443 亿日元，增幅 0.8%。

日本中小企业在科技研发中发挥重要作用，民间资本成为 R&D 投入的主力军。日本科学技术研究费用的快速增长，主要得益于民间企业研究开发费用的持续增加。民间企业研究开发费用占全国科研经费的比重，从 1979 年的 58.1%增长到 1989 年的 69.7%。20 世纪 80 年代以来，民间企业的基础研究费用占其全部研究费用的比例不断攀升，1980 年为 5.0%，1986 年升至 6.1%，1988 年进一步提高到 6.6%，总数达 4 748 亿日元。日本民间企业基础研究费用占全国基础研究费用的比重从 1979 年的 20.1%上升到 1988 年的 36.8%，几乎增长一倍。

（2）给予各项优惠补贴

在银行信贷支持方面，日本政府系统银行的贷款规模显著扩大。1985 年，日本开发银行出资 80 亿日元成立"产业技术开发促进机构"。该机构规定，若两个或两个以上的民间企业联合开展经其认可的研究开发项目，机构将提供高达 90%的资金支持。同时，对于致力于尖端技术研发的民间企业，该机构还提供附带条件的无息贷款。若研发项目取得成功，企业需按照年息 7.1%的优惠利率偿还本金及利息；若项目失败，则可免除利息支付，仅需归还本金。日本地方政府也出台了相应的优惠贷款和补助政策以扶持企业开展新技术研究与开发。例如，东京都建立支持中小企业进行技术研究与开发的"尖端技术领域新产品和技术开发补助制度"，大阪则推出"扶植尖端技术产业贷款制度"。这些举措共同为日本企业的技术创新提供有力的金融支持。

在税收政策方面,日本政府为促进科技创新和产业发展出台一系列优惠措施。对于从事尖端技术研究开发和推广应用的企业,日本政府提供多种税收减免政策。生产重点新产品的企业,在新产品投放市场的首年,可实行特别折旧,折旧提成占销售总额的比重高达 50%。日本政府对尖端技术产业的研究开发给予特别重视。例如,日本设立"电子计算机购置损失准备金制度",允许从事计算机研究开发和制造的企业从销售额中提取 10%作为准备金,以弥补潜在损失,这笔准备金可以免税,从而每年为日本计算机工业减少约 100 亿日元的税负。为鼓励扩大再生产,日本政府对计算机工业实行"加强企业基础免税制度",计算机厂商购置新设备或建造厂房时,可免交投资税。这些税收优惠政策减轻了企业的财务负担,提升了日本企业在全球科技领域的竞争力。

(三) 完备的科技服务

(1) 多样化的科技服务

日本战后致力于发展契合国情的技术创新与服务模式,构建起完善且多样化的科技服务体系,主要涵盖国立和民营两大类机构。这些机构多依托大学而建,其技术转移人员普遍具备高学历和丰富经验。在科技服务领域,民营科技服务机构占据主导地位,包括私人咨询公司、高校分离机构及科研单位或企业分离人员成立的公司等。其技术服务与咨询主要面向银行体系和外商投资企业,而众多受非营利组织支持的中小企业则多得益于政府技术服务企业法人和技术孵化器的助力。日本企业创新体系的一大特色在于政府主动为中小企业提供中介科技服务,助力企业高效整合自身及大企业集团关联企业的创新资源,从而推动整个创新生态的协同发展。

(2) 完善的科技评价体系

日本科技评价体系起源于 20 世纪 40 年代末,最初是为了配合"科技立国"战略的实施。到了 80 年代,随着日本政府对研发(R&D)投入的不断增加,资源分配逐渐出现不合理的现象,日本科学技术会议[1959 年成立,CST;2001 年,在其基础上成立"综合科学技术会议"(CSTP);2014 年,进一步改革为"综合科学技术创新会议"(CSTI)]开始强调必须建立完善的科技评价体系,对研究课题进行全面的事前与事后评价。1983 年,日本科学技术会议政策委员会下成立了技术评价分委员会,迈出了科技评价体系构建的关键一步。1986 年,编制了《研究评价指南》,将评价分为机构评价、项目或课题评价、人员评价三个维度,为评价工作提供了初步的框架与指导。1997 年,日本政府出台了《国家研究开发评价实施办法大纲指南》,进一步提升研究开发评价工作的重要性和必要性,凸显了其在科技管理中的核心位置。2001 年,日本参照美国的《1993 政府绩效和成果法案》,制定了《关于行政机关实施政策评价的法律》,同年还颁布了《关于政策评价的标准指针》和《政策评价基本方针》,搭建起日本科技评价的基本法律体系,为科技评价工作提供了坚实的法律保障和明确的规范指引。2002 年实施的《文部科学省研究开发评估指南》,为文部科学省管理的科研活动提供了基本原则和指导方针。2012 年,日本对《国家研究开发评估指南》进行第四次修订,以适应"科学技术基本计划"的变化,使其更加契合时代发展的需求和科技发展的新趋势。

在日本的科技评价体系中,最高评价机构是综合科学技术创新会议中的评价调查委员会,各个省府也设有自己的评价机构,如文部科学省的学术审议会等。这些评价机构在开展评价工作时,其评价原则、方法以及标准都要严格参照综合科学技术创新会议制定的《评价指南》,确保评价工作的规范性和一致性。日本的科技项目评估细分为事前评估、中期评估、完成评估和跟踪评估四类,分别在项目启动前、实施中间阶段、完成时和结束后的一段时间内进行,确保项目的可行性、进展情况、最终成果和长期影响得到全面评估。评估准则涵盖了必要性评估、有效性评估和国际标准对比等多个方面,确保项目的创新性、实用性和全球竞争力。在评估师的选择上,充分遵循第三方独立性、代表性与多样性、国际视角和透明性原则,广泛吸纳不同领域、不同背景的专家参与评估工作,确保评估的公正性和科学性。评估方法采用定量与定性分析相结合,根据不同类别的科技项目特点和评估需求,灵活运用多种评估方法,确保评估的准确性与适用性。评估结果广泛应用于研究经费分配、资助方式确定、研究计划修订和研究机构管理等方面。日本投入一定比例的研究经费专门用于评估活动,并建立起专门的评估部门,注重引进和培养评估专业人才。

通过这些综合措施,日本将科技评估有效地融入日常科技管理中,在提升管理效率的同时,也激发出科技创新的活力。日本对科技评估的重视并不局限于评估本身,而是将评估作为科技管理和科技创新的重要一环,贯穿于科技活动的全过程,为日本在全球科技竞争中占据有利地位奠定了坚实基础。

（四）科学的人才制度

（1）注重科技素质的培育

日本在科技人才的培养方面不遗余力,全力打造科学素质教育和创新能力教育体系。在基础教育阶段,学校通过定期组织举办各类科学活动激发起学生对科学的热爱,并为有潜力的学生寻找导师,搭建展示和成长的平台。邀请国内外著名科学家举办科学讲座,鲜活的案例和前沿的见解提升科技的吸引力。同时,高度重视教师培训,鼓励教师将科研成果巧妙融入教学之中,让知识与实践紧密相连。到了高等教育阶段,政府定期评估高校科研和教学质量,并以此为依据调整资源分配。积极促进当地企业与高校签订人才培养协议,大学也按企业需求灵活调整课程,确保人才培养与市场需求精准对接。

2021年,日本推出《第六期科学技术与创新基本计划》,提出从中小学开始,全方位实施面向"社会5.0"目标的教育。具体而言,小学阶段聚焦于培养学生的科学兴趣,让好奇心成为探索科学世界的"敲门砖";初中阶段则引导学生提出问题并积极探索,培养他们自主解决问题的能力;高中阶段进一步强化科学思维训练,为学生的未来发展筑牢根基。此外,日本大力推广STEAM教育,这一教育模式起源于美国,涵盖科学（Science）、技术（Technology）、工程（Engineering）、艺术（Art）和数学（Mathematics）五个学科,旨在打破学科界限,培养具有科学探索精神、创新意识和批判性思维的复合型人才,促进理工科与文科的深度融合,培育出文理兼修的综合型科技创新人才。进入21世纪后,日本在诺贝尔奖获奖者数量攀升至30位,其中自然科学领域就有25人,物理学领域更是以13位获奖者的数量引人注目。这些成就背后是日本对科技素质培育的高度重视与不懈努力。

（2）多样化的人才开发途径

日本政府、企业和高校紧密合作,共同推动一系列人才培养计划的实施,如"21 世纪 COE 计划""全球 COE 计划""博士教育引领计划""卓越大学院计划""面向下一代的研究员挑战的研究项目"和"杰出研究员事业"等。这些计划不仅发展一批海外基地和国内高质量人才培养高地，更开拓出一条人才开发渠道。日本学术振兴会(JSPS)和共同研究中心等研究机构与高校合作，开设多种面向博士后的"特别研究员"制度，通过多元化设岗和差异化培养，吸纳大量国内外优秀博士后。日本的东京大学、东北大学等重点大学与三菱重工、松下等 20 家知名企业合作，定期召开"产学合作人才培养圆桌会议"，加强学校之间、校企之间的交流与合作，共同制定人才培养计划，明确各方责任和义务，共同培养创新人才。日本各地的地域性大学也积极与地方政府和企业合作，设立地区发展振兴项目，吸引国内外优秀人才。

三、经验借鉴

（一）加强科技创新顶层设计

（1）完善科技创新体系

面对新的国内外发展环境及机遇和挑战，我国要进一步完善和加强科技创新顶层设计。日本的经验显示，科技创新需要一个系统化、多层次的体系来支撑，政府在其中起关键的引导和协调作用。政府制定宏观战略规划，明确科技创新的方向和重点，引导资源向关键领域倾斜。例如，日本政府通过制定《第六期科学技术与创新基本计划》，从中小学到高等教育和科研机构，形成了一个完整的科技创新教育体系，涵盖基础教育延伸至高等教育和科研机构。

（2）加强政府、企业和科研机构多方协同

加快完善新型举国体制，是我国科技创新的重要保障。新型举国体制强调政府、企业、高校和科研机构的协同合作，整合各方资源形成强大的创新合力。日本在半导体技术研发中，政企研紧密合作，共同攻克技术难题，通过建立国家级的科研平台，整合资源集中力量攻克关键核心技术，同时充分发挥市场资源配置决定性作用，打造国际科技创新策源地、增长极和国际科技交流合作新格局,进一步激发科技人才创新创造活力。

更加突出企业创新主体地位,是我国科技创新的重要方向。企业是科技创新的主力军,只有激发企业的创新活力,才能推动科技创新的快速发展。日本企业在全球科技创新中占据重要地位,其成功经验值得借鉴。我国应通过政策引导、资金支持等方式,鼓励企业加大研发投入,提高自主创新能力,通过培育一批具有国际竞争力的创新型企业,提升我国在全球科技创新中的地位。

(二)加大基础研究支持力度

(1)持续加强基础研究

基础研究是我国实现创新引领发展的重要基础,是建设科技强国的关键。基础研究为技术创新提供理论支持,推动科学前沿的突破,引领新的科技革命。我国要持续加大对基础研究的投入,鼓励高校和科研机构开展前沿基础研究。加强对关键核心技术的攻关,设立专项基金、组织科研团队,集中力量攻克"卡脖子"技术。此外,要逐步完善包括基础研究、应用研究和产业化全产业链整体的科技创新生态环境建设,促进科技成果转化和产业化。日本企业对基础研究的重视和支持,是日本科技创新成功的重要因素。2020 年,日本企业承担科研经费的 72.1%,成为日本研发经费的主要来源。

(2)建立多元化资助体系

围绕国家战略需求展开有针对性的基础研究,建立多元化资助体系。多元化资助体系可涵盖政府资助、企业投入、社会捐赠等多种形式。优化财政资金的使用效率,建立科学的项目评审机制,确保财政资金投向关键领域。2024 年,我国基础研究投入为 2 259.2 亿元,仅占全国 R&D 经费比重为 6.91%。这一数据表明,我国在基础研究方面的投入上还有较大提升空间。

(3)引导激励社会参与基础研究

积极引导激励社会参与基础研究,是提升基础研究水平的重要途径。社会力量在基础研究中可以发挥重要作用,通过捐赠、合作研究等方式,为基础研究提供支持。我国可以借鉴日本的经验,通过建立激励机制,鼓励社会力量参与基础研究。例如,可以设立基础研究奖励基金,对在基础研究中作出突出贡献的个人和团队进行奖励。同时，要加强对基础研究的宣传，提高社会对基础研究的认识和重视程度。

（三）建立完善的科技创新考评机制

（1）借鉴日本科技评估机制

目前，我国科研机构的考核评价存在重研究成果数量轻研究成果质量、重研究经费数量轻投入产出比、重论文产出轻成果转化、重短期轻长期、重成果轻人才等问题。我国要加快完善第三方评估机构的资格申请与准入审查机制、支持和监督机制、主体参与机制。第三方评估机构在科技创新考评中发挥着重要作用，通过独立、客观的评估，可以提高考评的公正性和科学性。我国还应加强对第三方评估机构的管理，建立严格的资格申请和准入审查机制，确保评估机构的专业性和独立性。建立完善的支持和监督机制，加强对评估机构的指导和监督，确保评估工作的质量和效果。

（2）给予科研单位评估指标制度自主权

给予科技机构一定评估指标制度自主权，是激发科技机构创新活力的重要措施。科研单位有自身的研究方向和特点，通过给予评估指标制度自主权，可以更好地适应科研单位的需求，提高评估的科学性和合理性。建立灵活的评估指标体系，允许科技机构根据自身特点和需求，制定个性化的评估指标。同时加强对评估指标的动态管理，根据科技创新的发展变化，及时调整和优化评估指标，保证指标的科学性和适应性。

（3）设定动态评估指标权重

设定动态评估指标权重，是提高评估科学性和公正性的重要手段。科技创新是一个动态发展的过程，不同的阶段和领域有不同的重点和需求。通过设定动态评估指标权重，可以更好地反映科技创新的实际需求，提高评估的科学性和公正性。建立动态评估指标权重体系，根据科技创新的发展变化，及时调整评估指标的权重，加强对评估指标权重的科学论证，确保评估指标权重的合理性和公正性。

（4）建立科技评估交流平台

建立科技评估交流平台，是促进科技评估工作的重要措施。通过建立交流平台,可以促进评估机构之间的交流与合作,提高评估工作的水平和质量。定期组织评估机构之间的交流活动,分享评估经验和成果。同时要完善资源共享机制和监督管理机制,促进评估资源的共享和评估工作的规范化管理,确保评估工作的透明度和公正性。

(四)构建科技创新人才培养体系

(1)构建与科技创新兼容的学科体系

构建与科技创新兼容的学科体系,是培养科技创新人才的重要基础。我国应主动适应科技创新趋势,通过优化学科专业结构,明确各学科发展方向,建立学科专业动态调整机制。例如,随着人工智能、大数据等新兴技术的发展,应加大对相关学科的建设力度,培养适应新兴技术需求的科研人才。打破学科壁垒,促进学科交叉融合,培养具有跨学科知识和能力的复合型人才,以满足科技创新对多元化人才的需求。

(2)培养战略性产业所需要的科技人才

培养战略性产业所需要的科技人才,是提升我国科技创新能力的重要保障。应根据国家战略需求,制定人才培养计划,培养一批具有国际竞争力的科技人才。例如,我国在半导体、芯片等关键领域面临技术瓶颈,应加大对相关前沿学科的建设力度,培养一批具有国际领先水平的科研人才。同时,要加强对前沿学科的政策支持,通过设立专项基金、政策扶持等方式,促进前沿学科的发展,为科技创新提供坚实的人才支撑。

第三节　新加坡科技创新高质量发展之路

新加坡作为典型的"城市国家",国土面积仅为 735.2 平方公里[①],自然资源稀缺,人口密集,却凭借其独特的地理优势和政府的前瞻性战略,成为全球最具科技创新力的国家之一。在 2024 年全球创新指数排名中,新加坡超越英

---

① 该数据是外交部网站 2023 年数据。

国,位列第四。自 1965 年独立以来,新加坡迅速融入国际社会,不到 40 年便跻身成为"亚洲四小龙",成功迈入发达国家行列。2024 年,新加坡的人均收入高达 8.8 万美元,稳居亚洲首位。

新加坡建国以来,几乎每十年便完成一次经济转型,从最初的劳动密集型产业,逐步向技能密集型、资本密集型过渡,直至 20 世纪 90 年代成功转型为技术密集型经济。从 1991 年起,新加坡政府每五年制定并推出国家科技发展五年规划,为未来五年的研发投入、重点领域与方向指明道路。2016 年,该规划更名为"研究、创新与企业计划",进一步强化了科技创新在国家发展中的核心地位。这些规划和计划的实施,为新加坡的科技创新提供了清晰的路线图和坚实的政策支持。新加坡政府对创新生态系统的全面构建,通过不断优化营商环境、加强知识产权保护、推动产学研合作、培养和吸引高端人才等多维度手段,使新加坡在全球竞争中脱颖而出。新加坡的科技创新之路,为其他国家和地区提供了一个可借鉴的成功范例,证明了通过政府引导、市场驱动和国际合作,即使是国土狭小,也能在科技创新的浪潮中乘风破浪,实现经济的可持续发展,成为全球科技创新的典范。

一、新加坡推动科技创新的主要做法

(一) 完善的科技创新体系

(1) 建立分工明确的政府统筹管理体系

新加坡构建了以政府为主导,自上而下、分工明确、协调统一的科技创新体系,该层次主要分为三个层级。

第一层级:最高决策层。2006 年,新加坡政府新成立"研究、创新和企业理事会"和"国家研究基金会"。两者共同构成新加坡科技创新最高决策层。研究、创新和企业理事会(RIEC)主席由国家总理亲自担任,主要成员来自内阁以及商业、科学和技术界领域杰出人士,其核心目标是为国家研发提供战略方向,推动新加坡向知识型社会转型,提升国家在研究、创新和企业方面的能力。国家研究基金会(NRF)隶属于总理府,主要负责制定研究、创新和企业的政策、计划和战略,确定国家研发方向,为战略计划提供资金,协调政府各部门的研发计划,并致力于培养研究人才等。

第二层级:内阁部门。其包括贸工部(MTI)、教育部(MOE)、卫生部(MOH)等在内的内阁部门,参与科技研发相关的预算编制及资金的监督管理。贸工部辖下设有 9 个法定委员会和一个政府部门,其中科学技术研究局(A* STAR)、经济发展局(EDB)以及新加坡国际企业发展局均深度参与新加坡科技创新和对外科技合作。这些机构重点在于推动研究和创新,打造先进产业等。教育部(MOE)则负责制定和实施涵盖教育结构、课程、教学法和评估等方面的教育政策,监督政府资助学校、技术教育学院、理工学院和大学的管理与发展,肩负着以教学科研为导向的科技创新重任。

第三层级:科研项目选拔和资金分配的机构。其主要包括隶属于贸工部的科学技术研究局(A* STAR)、经济发展局(EDB)和标新局(SPRING)三个法定机构,以及隶属于教育部的学术研究理事会(AcRC)及卫生部的医学研究理事会(NMRC)。AcRC 隶属于教育部,成立于 1994 年,旨在支持各类大学进行学术研究工作,助力各类科技创新型和研究型大学的课题研究和发展,为提升新加坡高校的学术研究质量、推动科技创新和增强国家综合实力贡献力量。科学技术研究局(A* STAR)隶属于贸工部,成立于 1991,下设生物医学研究理事会(BMRC)、科学与工程研究委员会(SERC)、A* STAR 研究生院(A* GA)、企业集团和企业五大部门,其任务是推进科学发展的同时开发创新技术,以推动经济增长和改善居民生活,并在各类研究所、更广泛的研究界、行业培养、发展高技术人才和杰出领导者方面发挥重要作用。EDB 隶属于贸工部的政府机构,负责制定战略,提升新加坡的全球商业、创新和人才中心地位,为新加坡创造可持续的经济增长、充满活力的商业环境和良好的就业机会。新加坡科技部门负责主导制定宏观战略规划,进行政策扶持和资金扶助,设立基础研究平台和公共服务平台,塑造良好的科技创新环境和营商环境等;执行部门和机构则在政府的统筹协调下,有序开展科技研发、科技创新和技术成果转化,不断提升新加坡的科技创新能力,共同助力新加坡成为新兴的科创中心国家。

（2）制定宏观战略计划并推动实施

新加坡的科技五年计划是其发展知识经济和创新型经济的战略基石和顶层设计，为新加坡迅速崛起为全球最具活力和潜力的新兴科创中心提供了强大助力。2020年12月，新加坡发布第七轮科技五年计划，计划投入249.5亿新币对制造业、国际贸易、生命健康、可持续发展、数字经济等重点领域进行投资支持，强化高端人才引进和国际开放，推动新加坡向知识型、创新驱动型经济和社会加速迈进，进一步巩固其在全球科创领域的领先地位（见表6-2）。

表6-2　新加坡"科技五年计划"重点领域表

时间	名称	预算 （亿新元）	重点领域
1991—1995	《国家技术发展规划》	20	信息技术、微电子、电子系统、材料技术、能源与环境等
1996—2000	《第二个国家科技计划》	40	先进制造技术、微电子、新材料、生物和药品、信息技术等
2001—2005	《科技规划2005》	60	信息与通信、电子制造、生命科学
2006—2010	《科技规划2010：创新驱动的可持续发展》	135.5	电子、信息通信与媒体、化学制品、工程
2011—2015	《研究、创新、创业2015：新加坡的未来》	161	电子、生物医药、信息通信与媒体、工程、清洁技术
2016—2020	《研究、创新与企业计划2020》	190	生物医药、先进制造技术、城市方案及服务、数字经济
2021—2025	《研究、创新与企业计划2025》	250	制造业、国际贸易和联系、生命健康、城市可持续发展、智慧国和数字经济

（二）充满活力的创新生态

（1）国际科技合作频繁

新加坡积极构建多层次、全方位的国际科技合作体系。一方面，新加坡企业发展局、国家研究基金会、A* STAR等关键部门和机构，聚焦于提升企业创新能力、深化国际科技研发合作以及促进人才交流，精心制定一系列计划，从不同维度推动国际科技合作的深入开展。例如，新加坡国家研究基金会为促进国内外企业与本地大学合作，联合新加坡电信、劳斯莱斯、吉宝企业、富士通、惠普、应用材料、胜科工业和丰益国际等 10 余家企业与新加坡国立大学、南洋理工大学及新加坡管理大学合作开设了"大学-企业研究室",以促进技术研发和成果转化。另一方面,新加坡致力于携手各方打造国际科技交流合作平台,重点投向欧盟、美国、日本等发达国家和先进地区,发起成立全球创新联盟(GIA)、开放式创新网络(OIN)等重要组织,助力新加坡企业有效链接并获取国际创新资源,拓展合作空间。此外,新加坡还着力于打造一系列产业合作平台,凭借裕廊集团(JTC)在运营管理及资源方面的独特优势,与印尼、越南、印度、中国等国家和地区合作建设了十余个跨国合作产业/科技园区。新加坡还和中国达成多项合作,例如新加坡国立大学和重庆两江新区合作成立了新加坡国立大学重庆研究院,推动渝新双方在科技创新、产业孵化、人才培养等方面进行广泛而深入的合作等。

(2) 积极引进跨国公司

新加坡通过多方面举措促进科技创新发展,推动与跨国公司的深度合作。首先,新加坡政府精心制定一系列优惠政策吸引跨国公司落户。这些政策不仅充分利用了新加坡得天独厚的区位优势、高度发达的现代服务业、健全的法治环境以及高效廉洁的政府行政效率,还根据不同企业总部类别,量身定制了有针对性的亲商政策和优惠措施,为跨国公司提供了极具吸引力的投资环境。其次,新加坡鼓励本土科研机构在承担政府科研项目过程中,主动加强与跨国公司的交流合作。通过这种方式,本土科研机构能够直接吸纳和学习跨国公司所掌握的前沿先进技术。例如,2019 年,新加坡南洋理工学院、国立大学等院校与澎思科技签订 AI 创新战略合作,共同推进新加坡 AI 产业创新生态建设。此外,新加坡还设立专门的研发基金,如 RSD 辅助计划(RDAS)和公司研究鼓励计划(RISC)等,为跨国公司本土研发活动提供有力的资金支持。据新加坡国家科学技术委员会(NSTB)统计,跨国公司 R&D 每投资 1 美元,新加坡政府就会配套投入约 30 美分,资金配比达到 3∶1,这种慷慨的资金支持极大地激发了跨国公司的研发热情。同时,新加坡政府大力支持本土企业与跨国公司实现对接合作,鼓励本土企业从原材料采购、零部件制造、仓储运输、生产计划、资金筹措和技术改造等多个环节加强与跨国企业合作,努力成为跨国公司的供应商或客户。甚至支持本土企业与跨国公司开展紧密型甚至核心型的项目合作，共同完成研发任务。通过这些合作，本土企业不仅能够获得先进的技术支持，还能在合作过程中不断提升自身的研发能力和管理水平，从而实现技术升级和创新发展，为新加坡的科技创新和经济发展注入强大动力。

（3）发达的金融服务体系

新加坡作为国际金融中心，其发达的金融服务体系在科技金融领域表现尤为突出，成为推动科技创新的重要力量。新加坡金融管理局（MAS）的市场与发展部门中，专门设立由首席金融科技官负责的金融科技与创新组，负责制定科技与创新领域的监管政策和发展战略。2024 年 7 月，MAS 推出"金融领域科技和创新 3.0 计划"（FSTI 3.0），推出"卓越中心项目、人工智能数据分析项目、金融行业项目、创新加速项目、监管科技项目和 ESG 金融科技"六大项目，并计划提供 1.5 亿新币支持相关创新和发展。例如，星展银行利用人工智能技术开发智能客服系统，大华银行推出移动支付平台，华侨银行推出绿色金融产品，这些创新案例展示了新加坡在科技金融领域的领先地位。通过这些举措，新加坡成功地将金融科技融入金融服务的各个环节，为科技创新提供了强大的资金支持和创新环境。

（4）专业的知识产权服务

新加坡正在全力塑造自身成为亚太地区知识产权的核心枢纽，其知识产权制度的完备性堪称典范。新加坡构建了一套全面的法律框架，涵盖《专利法》《商标法》《版权法》《注册外观设计法》《植物品种保护法》《地理标志法》《集成电路布图设计法》等多部法律法规，为知识产权的保护奠定坚实基础。新加坡知识产权局专门成立国际事务机构，帮助企业将知识产权更好地实现商业化，并参与市场竞争。该机构汇聚了众多在专利检索分析、知识产权战略和管理、知识产权教育培训等领域的专家，能够依据企业的独特需求，提出具有针对性的知识产权发展战略，并为企业提供精准的知识产权教育和培训服务。新加坡还尤其重视高效调解知识产权纠纷。1997 年，新加坡成立调解中心（SMC），旨在营造和谐繁荣的商业气氛。2013 年，新加坡首席大法官 Sundaresh Menon 及律政部部长 K Shanmugam 牵头的"工作组"成立，专注于制定战略方案，旨在将新加坡打造成国际商事调解高地。2017 年，新加坡发布《新加坡调解法案》,法案规定,法庭可以在未启动其他诉讼程序之前将和解协议作为法庭的庭令,从而赋予调解协议强制执行力,极大地增强了调解协议的法律效力。2018 年,新加坡更是牵头签署了《新加坡调解公约》,这是首个以新加坡命名的联合国条约,为国际社会提供了一种统一的执行调解协议的国际框架,进一步巩固了新加坡作为全球知识产权与商事调解的重要中心地位。

(5) 引育海外高级人才

本土人才培养和海外人才引进是新加坡持续高质量创新发展的关键,新加坡通过构建开放型的创新人才引进培育机制,在重点产业领域积累了大批高素质人才。新加坡经济发展委员会与人力资源部共同建立了"联系新加坡"(Contact Singapore)网络,在全球多个大城市设立办公室,为新加坡雇主招募全球人才。国际人才局定期更新关键技能列表(Strategic and Skill-in-Demand List),对清单内的人才提供出入境、停居留等便利措施。新加坡还设立了众多人才计划和科研资助项目,如新加坡国家研究基金会(NRF)通过设立具有世界竞争力的研究基金项目,吸引全球青年科学家和研究人员。卓越研究中心(RCE)招募世界级科学家作为研究中心负责人,并提供充足的研究经费。

新加坡实施"新加坡科学家回国计划""创业入境证(EntrePass)"等政策,对外籍高层次人才提供外劳税优惠、长期工作签证、成为永久居民等倾斜政策。新加坡还设立了"国际研究生奖"等项目,资助海内外硕士博士到新加坡攻读学位,培养优质科研人才。为了加大本土人才培养力度,新加坡通过国际合作,以奖学金、研究培训、研究资助奖等方式吸引和培养本土人才。未来技能委员会的"持续教育与培训 2020 年总蓝图""创新学习 2020 计划"等,支持培训机构开发有效结合网上与课堂学习的培训模式,推动终身学习和持续教育。新加坡还实施了"环球校园计划",引进国际一流大学,如麻省理工学院、宾州大学在新加坡设立人才培养中心,并鼓励本地大学与世界一流大学建立合作关系,如新加坡国立大学与约翰斯・霍普金斯大学、斯坦福大学等。新加坡提出"走向世界、根留新加坡"(Go Global Stay Local)的口号,鼓励学生到海外学习,学有所成后回新加坡服务。

二、经验借鉴

（一）加强顶层设计和强化国家立法支持

新加坡构建了一个全面、协调的科技创新组织架构，高度重视科技发展战略规划的制定与实施，将知识密集型服务业和高技术制造业定位为战略支柱产业，并积极投入资源支持具有颠覆性和前瞻性的技术研发，以推动经济的持续增长和科技创新能力的提升。我国应重视和完善科技创新顶层设计和研发布局，一是构建分工明确、统一协调的科技创新管理体系，形成以基层创新组织政策需求为核心的中央、地方双向交互式政策统筹机制，促进国家各部委和各创新地区之间交流协作，促进政策更好地落实。二是健全政府科技创新决策咨询体系，增强政府部门之间政策的互联互通，完善决策咨询专家库，确保各部门政策制定的科学性与协调性。三是加强重点领域规划和前瞻性技术研发布局，立足科技自立自强，加强对基础研究的支持力度，为实现"从 0 到 1"的突破及关键问题的解决提供可靠支撑。

我国也应对创新立法给予高度关注，并建立完善的知识产权法律保护体系。通过制定相关法律法规，推动科技资源共享，将数据资源的开放作为科技资源共享的基本要求，并为共享数据的成本提供资金支持。同时，将数据共享纳入知识产权保护体系，注重科研数据的正式出版，规范数据溯源，对违规使用行为进行严厉追责，保障资源所有者和需求者的合法权益。另外也要采取需求与供给相结合、自上而下与自下而上相结合的方式，明确创新的需求端和供给端，提高创新的质量和数量，营造良好的技术创新氛围。在提升政府服务效能方面，减少检查评审环节，扩大部门自主权，切实转变政府职能，从管理项目向抓战略、抓规划、抓政策、抓服务转变，为科研人员创造良好的科研生态环境。

（二）营造良好创新生态

1. 探索更好发挥市场力量和政府作用的联合机制

构建政府和市场协同共治的创新治理体系，加快转变政府职能，合理定

位政府和市场功能。推动简政放权、放管结合、优化服务改革,强化政府战略
规划、政策制定、环境营造、公共服务、监督评估和重大任务实施等职能,减少
对创新资源的直接分配,重点支持市场不能有效配置资源的基础前沿、社会
公益、重大共性关键技术研究等公共科技活动,大力扶持和培育专业化、社会
化、市场化的创新服务平台机构,积极营造有利于创新创业的良好环境。最
大限度发挥市场配置创新资源的决定性作用,竞争性的新技术、新产品、新业
态开发由市场和企业决定。

2. 构建全生命周期科技金融服务

提升企业的创新活力重点是要为企业拓展融资方式,营造一个灵活、高
效、多元化的科技金融环境。借鉴新加坡经验,根据企业从创业到成长再到
国际化不同阶段的潜在融资需求,推出一揽子融资援助计划和配套融资产
品,为企业提供全方位、全生命周期的融资服务。搭建全生命周期科技金融
服务体系框架,加强天使投资、创业投资、股权投资、银行、证券公司、保险公
司、交易市场、融资担保公司、小额贷款公司以及知识产权评估、信用评级机
构等业务发展,为处于种子期、初创期、成长期、成熟期等不同成长阶段的科
技型企业提供全方位、全生命周期的融资服务。

3. 持续增强知识产权保护

知识产权作为国家发展战略性资源和国际竞争力核心要素所发挥的作
用更加凸显。但我国知识产权保护起步较晚,仍需要进一步完善法律监管体
系、加强知识产权保护意识和培育相关人才。新加坡在知识产权诉讼法中设
有专门的诉讼程序,我国可以参照新加坡经验,规范知识产权诉讼程序,提高
审判机关执法能力。在加强知识产权法律意识上,及时开展公益讲座和公益
广告宣传,根据不同行业企业的实际进行有针对性的培训,并向企业提供相
关的知识产权咨询服务。在人才培育方面,加强高校和科研机构知识产权人
才队伍建设,加大知识产权服务机构转化运用和产业运营人才培养力度,加
快培养一批支撑重点产业知识产权转化运用的高水平复合型人才。

(三) 进一步提升国际化水平

1. 创建良好的合作环境

我国要采取一系列措施持续优化营商环境,敢于打破"潜规则",与新加

坡等标杆地区进行对比。一是完善招标投标制度,确保外商投资企业能够公平参与市场竞争。二是支持符合一定要求和标准的外资企业参与标准制定,提高标准化工作的透明度和开放性。三是规范行政执法行为,避免重复检查,提升行政执法的效率和科学化水平。四是通过"投资中国"品牌活动,依托重要展会平台,开展投资促进活动,加强与外商投资企业的常态化交流。五是放宽国际商务人员签证政策,便利外籍人才在华工作和居留。六是引导外资企业投资方向,优化外商投资结构,保障外资企业国民待遇,增强投资信心。另外。在数据跨境流动方面,可制定跨境数据转移标准,促进数据便捷流动。这些措施将为外资企业提供更广阔的发展空间,促进中外企业在产业链、供应链及创新领域的深度合作。

2. 打造更加开放的高等教育体系

我国可以学习新加坡与耶鲁大学、芝加哥大学等一流大学在新加坡设立分校或培训中心等形式的经验,培养本土人才和引进国际人才,建设形成国际一流的高等教育中心。例如,上海纽约大学自 2012 年成立以来,吸引了来自全球 100 多个国家和地区的数千名学生,成为我国高等教育国际化的重要窗口。为了吸引国际顶尖大学和人才,我国可以提供一系列政策支持和激励措施。首先,对联合办校给予一定的专项资金支持,确保合作项目的顺利开展。例如,政府可以设立专项基金,支持中外合作办学项目在基础设施建设、师资引进、科研设备购置等方面的投入。其次,进口教学设施应享受税收优惠,降低办学成本。例如,对于合作办学项目进口的教学设备和图书资料,可以免征关税和增值税,减轻学校的经济负担。此外,高层次人才优惠政策也至关重要。例如,为引进的国际顶尖学者提供住房补贴、科研启动经费、子女教育优惠等,吸引他们长期在中国工作和生活。鼓励学生出国留学后回国发展,建立留学回国人员服务体系,为回国人才提供就业指导、创业支持、科研合作等全方位服务。据教育部统计,2024 年我国留学回国人员达到 50 万人,同比增长 10%,这些回国人才在科技创新、经济发展和社会服务等领域发挥了重要作用。我国应积极参与国际教育合作项目,如欧盟的"伊拉斯谟计划"(Erasmus Programme),加强与国际教育机构的交流与合作。例如,我国与欧盟合作的"中欧高等教育合作项目"(Sino-European Higher Education

Cooperation Project),已资助数千名中国学生和学者到欧洲交流学习,同时也吸引了大量欧洲学生和学者来华访问。引进科技人才应与优势学科和团队建设相结合,真正发挥科技人才带动学科进步和后备人才培养的作用。采取措施为优秀人才提供优厚待遇和科研条件。

第七章
推动科技治理体系和治理能力现代化

第一节　提升产业链现代化与韧性

一、加快推进产业链现代化发展

产业链现代化不仅是建设现代化产业体系的重要内容,也是构建新发展格局的重要基础。近年来,我国不断深化与世界各国的产业合作关系,成功嵌入全球产业链,进一步夯实了中国式现代化的物质基础。作为全球第一制造业大国,我国拥有了独立完整的工业体系,建立了相对完备的技术支撑体系,产业规模和配套优势明显。站在新发展阶段,我国产业链现代化发展面临着更高的要求。

(一) 产业链现代化内生动力——新质生产力

新质生产力作为推动产业链现代化发展的内生动力,通过整合优质生产要素,以创新驱动、结构优化、协同开放等多重机制赋能产业链现代化发展。从创新驱动和结构优化的角度看,以科技创新推动产业创新,形成具有先导性和引领性的新质生产力,是推动产业链现代化发展的关键所在。

　　整合优质生产要素，优化产业链资源配置。新质生产力通过引入数据这一新型生产要素，对市场需求、供应、生产效率等深入分析，优化要素投入需求量和分配方式，降低了对传统生产要素的依赖，加强了资源合理配置。依托人工智能、区块链等技术，可实现供应链实时监控和管理，以应对市场环境和需求变化。同时，新质生产力通过数字化平台，打通产业链主体信息共享和协同渠道，打破传统供应链垂直线性结构，提升产业链主体市场响应速度，有效推动产业链中的要素高效、协同发展。

　　促进新旧动能转换，增强产业链变革能力。立足于新旧动能转换的关键节点，积极培育新动能、加快传统动能改造提升成为迫切需求。新质生产力通过企业创新、数字化转型和管理模式迭代，充分赋能产业链变革能力提升过程。以前沿创新为内在驱动，新质生产力促使生产过程更加智能化、高效化，有效提升了产业链变革能力。同时，新质生产力推动企业数字化转型，优化供需匹配和定制化服务，促使组织结构更加科学灵活，提升了企业竞争实力和应对风险能力，进而增强了产业链综合变革能力。

　　催生新业态新模式，提升产业链附加价值。新质生产力催生了智能制造、共享经济和绿色可持续发展等模式，为产业链提供了多元化增值空间。智能制造通过灵活的生产线配置和智能的生产调度，推动定制服务和柔性生产，提升了产品附加值和市场竞争力。共享经济模式增强了企业合作协同，加强资源共享和风险共担，促进价值链的延伸和完善。绿色可持续发展促进产业链各主体合作共享，推动产业链向更加环保和可持续的方向发展。

（二）产业链现代化核心特征

　　现代化产业链作为新质生产力的重要载体，不仅体现在技术创新和产业升级上，更在于促进经济社会更加开放、协同、绿色和可持续，其核心特征可表现为技术创新驱动、产业生态协同、绿色可持续发展等多个方面。

　　技术创新驱动。技术创新是产业链现代化发展的关键驱动力，也是新质生产力的核心。通过各项技术不断数字化、智能化和网络化，产业链能够实现生产过程优化、高效资源配置和产品快速迭代。人工智能、云计算、区块链等前沿技术的广泛应用，使得产业链各环节实现实时数据共享和智能决策，极大地提升了生产效率和市场响应速度。

产业生态协同。产业链现代化发展超越了传统的线性生产模式,转向更加开放、协同的产业生态构建。企业不再是单一主体,而是生态中的节点,与上下游产业链主体协同创造价值。这种模式不仅拓宽了产业链边界,也促进了跨行业融合创新,为新质生产力的涌现提供了肥沃土壤。

绿色可持续发展。随着全球对环境保护和可持续发展的日益关注,绿色理念已成为现代产业链发展的重要方向。通过循环经济和绿色制造等实践,现代产业链更加注重环境效益和社会效益的协调发展。以绿色为导向的产业链升级,是新型生产力发展的重要体现,也是实现经济、环境和社会三者和谐共生的有效途径。

全球化趋势显著。在全球化的背景下,现代产业链展现出了跨国界、跨文化的协同特性。企业能够在全球范围内优化资源配置,获取更广泛的市场机会和技术支持。这种跨国界的协作模式促进了创新和技术的快速扩散,为企业带来了更多的发展机遇,不仅增强了企业的竞争力,也加速了技术进步和全球经济的协同发展。

(三) 产业链现代化实现路径

推进产业链现代化,关键在于提升产业链基础能力、产业链自主控制能力和产业链协同发展能力,通过加强关键核心技术攻关、优化产业结构、精准靶向招商、产业链金融创新、优化空间链生态等,形成具有全球竞争力的现代化产业体系。

1. 加强产业链核心技术攻关

产业链现代化离不开夯实产业基础能力和构建产业创新生态,而科技创新是发展新质生产力的核心要素,也是推动产业基础能力提升和产业生态完善的根本动力。进入新发展阶段,高水平科技自立自强成为引领产业链现代化发展的核心驱动力,关键核心技术重大突破和自主可控成为现实需要。加快培育形成具有先导性和引领性的新质生产力,是推动产业链现代化发展的关键所在。加大基础科学和共性技术研究投入,有组织地推进战略导向的体系化基础研究、前沿导向的探索性基础研究、市场导向的应用性基础研究。

抢抓科技变革重点布局高端产业,瞄准关键核心领域产业链的堵点难点,加速应用原创性、颠覆性科技创新成果强链补链,聚焦优势产业领域的缺项环节,集中科技资源重点攻关。发挥科技创新举国体制优势,构建横向协同、纵向打通的产业创新体系,在研发制造和推广应用两端发力,形成以场景带动科研攻关、成果转化和产业培育的新模式。

2. 构建科学合理的产业结构

以"链长制"为统领,以"链主"企业为主导,以"建链、补链、强链"为重点,统筹推进补齐短板和锻造长板,形成合理分工、优势互补的产业结构。

发挥政府主导作用,以"链长制"推动产业链现代化。 由政府职能部门担任产业链关键领导力量,对产业链方向定位、关键环节、政策体系等全面规划和系统布局。推进"链长制",要通过普惠性产业政策与创新政策的制度组合,为"链长"推进产业链供应链安全提供良好的制度供给、要素供给、数据供给、资金供给、技术供给和人才供给,着力补链、稳链、固链、延链和强链。要打造高效的营商环境,优化制度供给。

强化"链主"企业在全球产业链中的核心引领作用。 "链主"企业是产业创新的重要主体,是推动新质生产力发展的主力军。培优塑强"链主"企业,引领重点产业链整体跃升。建立健全企业梯度遴选培育机制。鼓励"链主"企业带动中小企业有序衔接、深度入链。鼓励支持"链主"企业牵头或参与组建高水平研发机构和联合创新主体。

聚焦发挥生态主导力,加快培育产业链"链主"企业。 聚焦战略性支柱产业重点产业链,完善链主企业识别、遴选、评价、服务机制,从技术创新能力、行业标准制定、品牌效应和市场控制等层面,培育具有市场或技术控制能力的"链主"企业。支持链主企业参与重大战略、重大工程,强化链主企业在关键共性技术、前沿技术创新等方面的主体地位。坚持扩增量、提质量,更高水平培育"专精特新"企业。

实施梯度培育计划,培育一批产业链"单项冠军""专精特新"企业以优质微观主体。 推动大中小企业融通固链,引导大企业向中小企业开放品牌、设计研发能力、仪器设备、试验场地等各类资源要素,共享产能资源。这样通过股权投资、资源共享、渠道共用、共建标准等带动中小企业有序衔接、深度

167

入链。

3. 抓好产业链精准靶向招商

以培育壮大产业集群为目标，以区域产业链现状评估为基础，以"建链、补链、稳链、强链"为重点，推动产业链攀升和价值链提升。

梳理产业图谱中"弱基缺链"清单。在产业链招商工作中，最重要的是制定产业图谱，找准产业链缺失和薄弱的关键环节，明确"弱基缺链"清单，包括产业链龙头骨干企业清单、主要配套企业清单、卡点攻关项目清单、补短板突破环节清单、锻长板重点领域清单、关键产品技术攻关清单、重点科研机构清单、重点产业区域布局清单以及重点项目清单等，做到对产业链发展目标和任务"胸中有数"，形成具有影响力的优势产业链，提升产业现代化水平。

聚焦重点产业链招商引资。以"建链、补链、稳链、强链"为主线，厘清各行业和细分市场产业规模、产业链结构、链上企业数据。围绕龙头企业建链，筛选产业链各环节的优质供应商，通过开放供应链、资源共享、政策支持、联合研发、基金并购等方式构建产业链合作生态。围绕产业链缺失环节进行有针对性的招商补链，扩大产业链，建设更稳定、更强大的产业集群。在产业链面临外部影响时采取应急措施进行稳链，通过政策实施、政府采购以及协助企业技术转型、金融支持等方式促进产业链和供应链稳定。通过引进高附加值企业或扶持"链主"企业突破创新强链，形成核心竞争力。

加强精准靶向招商。明确产业空间布局、"链主"企业、创新平台、产业链缺失环节和招商重点对象，推动产业链"集群式"招商。要注重"链长制"与产业链招商的完美结合，"链长"往往由政府领导担任，具有与产业链相关的专业背景或工作经验，利用当地领导的综合协调优势，指导地方制定"一链一案"产业链强链补链精准招商实施方案。

因地制宜制定招商政策。应密切关注国际国内产业结构调整转移趋势、国家产业战略变化和区域比较优势、投资环境变化，结合现有需求、市场发展、人才、技术、投资、组织管理等要素，以及政府在财政、配套、服务、产权保护等方面的支持能力，制定可行的产业链招商考核机制和措施，确保产业链招商引资的导向性和可操作性。

4. 深化产业链供应链金融创新服务

产业链供应链金融是指针对产业链上企业提供的金融服务,建立产业链信息共享和信誉担保机制,提高信息透明度,降低信息不对称带来的风险,帮助链上企业提供精准的融资服务,降低企业融资成本,快速响应企业金融服务需求。设立信贷"白名单",对纳入重点产业链"链主"企业供应商目录清单的省内中小微企业贷款和融资担保进行风险补偿。发挥核心企业主导者的角色,把控上下游企业的价格、订单、货物等关键信息,承担起金融"审核主导""信息中介"职责,为产业链融资的供需提供搭桥服务。将区块链、大数据、人工智能等技术应用于产业链供应链金融业务中,确保各参与主体历史交易数据真实可靠、无法篡改,提升各参与主体的信息透明度,促进业务风险与融资成本"双下降"。创新财政金融联动机制。构建政府引导、国资主导、社会资本广泛参与的多元投融资体系,增强优势主导产业、新兴产业发展的资金保障。支持国有企业发挥"耐心资本""长期资本"作用,通过项目投资、并购重组等合作方式与科技型种子企业、金融机构开展深度合作,实现产业链"金融血液"流动畅通。

5. 统筹优化产业空间链生态

探索区域产业链合作联动机制。要坚持"全国一盘棋",注重引导各地区在充分识别和挖掘自身产业链优势的前提下,从全局出发制定互利共赢的产业链战略,探索区域间产业链现代化的有效联动机制。地方政府在制定相关产业政策时,充分利用本地与周边地区在推进产业链建设过程中的互补互促效应,协同推进区域产业链现代化。

打通各地资源融通融合通道。要深化资源要素市场化差别化配置改革,加大区域内创新要素的流动与整合,积极引导土地、人才、资金、数据等优质要素协同向先进生产力领域集聚,为产业链现代化的实现奠定高端要素基础。

充分利用国内国际市场资源。各地需要立足自身产业链竞争优势融入开放性的国际大市场,挖掘释放国内国际双循环的势能,拓宽各地区产业链开放性合作的"广度",以国际市场动力推进产业链现代化,进而为我国打造具有国际竞争力的现代化产业体系提供有力支撑。

放大产业链发展战略纵深优势。通过国内统一大市场建设,进一步打破地区分割和市场壁垒，通过跨区域产业转移、联合研发、市场拓展等方式，实现资源的优化配置和共享，将构建跨区域产业链群作为全国层面推动产业发展的重要手段。在地方层面构建包括核心产业链、配套产业链、服务支持产业链等，纳入区域合作框架，提升产业整体竞争力。坚持推动高水平对外开放，在对外开放竞争中建立高标准高质量的规则、标准和体制，统筹好资源配置与全球产业布局的关系，强化产业链供应链要素可控力。

积极构建产业链供应链开放创新生态系统。加强对技术标准和规范的制定和推广，为产业链供应链的发展提供统一的技术标准和规范的管理体系，降低企业技术壁垒，提高产业链供应链的效率和稳定性。鼓励企业积极参与开放创新生态系统建设，加速创新技术的转化和应用，推动产业链供应链的全面转型和升级，促进科技创新和产业链供应链的良性循环，实现资源的优化配置，提高产业链供应链的灵活性和适应性。

二、不断提升产业链供应链韧性与安全

党的二十大报告明确提出，"着力提升产业链供应链韧性和安全水平"。随着经济全球化形势调整与国际经济格局变化，叠加新冠疫情冲击影响，全球产业链出现局部断裂问题。面对新发展形势，我国提出构建以国内大循环为主体、国内国际双循环相互促进的新发展格局，迈出了把握未来发展主动权、贯彻新发展理念的关键一步。然而，我国制造业目前仍处于价值链中低端，产业基础相对欠缺，核心技术有待突破，高附加值产品供给能力不足，地区同质化竞争突出，"断链"风险依然存在，提升产业链供应链韧性成为亟须解决的重要问题。新形势新背景下，产业链供应链韧性被赋予了新内涵。一方面，大国博弈背景下的新风险、新事件层出不穷，产业链需要足够抵御外部威胁、快速适应新环境、自主恢复重组；另一方面，需要在安全的基础上有序推进产业结构调整、转型升级与竞争实力提升。

（一）产业链供应链韧性的内涵

产业链供应链韧性包含附加值率、稳定性、协同性、控制力四个方面的内

涵。其中,附加值率指产业链供应链上重点环节和核心部件的本国自给率,以及本国产业嵌入全球产业链各环节的增值能力;稳定性指维持产业链供应链稳定运行的能力,尤其是应对全球产业链供应链"断链"及其"长鞭"影响的能力;协同性指产业链供应链上下游在信息联通、需求对接、分工协同、技术溢出、生态环保等方面的运转效率和协同性;控制力指本国产业链供应链在全球分工体系中的不可替代性,亦即本国在全球产业链供应链中的治理能力。

(二) 产业链供应链韧性提升的现实需求

面对百年未有之大变局下国内外形势的新变化,提升我国产业链供应链韧性既是建设现代化产业体系的基本要求,也是应对短期产业链新风险点的必然之策,更是克服长期全球产业链治理困境的应然之举。

建设现代化产业体系的基本要求。在建设现代化产业体系中,党中央明确将"安全性"作为基本要求之一,这是基于全球产业竞争加剧、外部不确定性增多、国内经济发展底线等多重现实背景提出的。大国博弈下,国家间围绕产业的竞争日趋激烈,我国虽拥有世界最完整的产业体系,但仍面临关键技术与核心环节被"卡脖子"、重要零部件与原材料对外依赖过高等难题,导致我国产业链出现多处堵点、卡点与脆弱点,产业链断链风险隐患较高。现代化产业体系必须是自主可控、具有韧性且安全的体系,不仅要求我国产业链能在西方国家实施全方位的遏制、围堵、打压等极端情况下仍然保持顺利运转或者及时适应恢复,更加强调产业链在长期国际竞争力与治理影响力等方面的增强。提升我国产业链供应链韧性既符合现代化产业体系建设的基本要求,同时也是实现经济高质量发展的题中应有之义。

应对产业链风险激增的必然之策。伴随着大国博弈的持续"发酵",全球产业链面临的不确定性不稳定性激增。一方面,大国采用显性且具有针对性的对抗方式,直接使得产业链有意中断的可能性大幅提升;另一方面,全球政治经济秩序的不确定性会带来国际投资与贸易行为的新转向,使得原有全球生产网络的合作分工逻辑遭受严重冲击,从而扭曲原有国家间相互依存、共同发展的产业链结构,破坏现有的全球产业链供应链布局。受美国等国家行政干预扭曲行为的影响,我国产业链将面临"脱钩断链"、被迫转移、被动替代、产业回流、低端锁定、"多方围剿"、圈层"孤立"等新的风险。在这种背景下，提升我国产业链供应链韧性不仅能够减轻西方针对性产业政策的冲击影响，而且能够以产业链自身综合竞争力的提升破解"多方围堵"下我国产业链发展受限难题。

走出产业链治理困境的应然之举。加入世界贸易组织以来，产业的快速发展与综合实力的上升使我国对外部环境的影响力和塑造力明显增强。作为世界第二大经济体，同时也是世界上最大的发展中国家，我国在开放、发展、脱贫等治理问题上的成功经验以及党的十八大以来我国在全球治理变革中贡献的关键力量，使得中国已经从全球治理的接受者、参与者向建设者、贡献者、引领者等核心角色转变。因此，面对当前大国博弈激化下的全球产业链治理困境问题，我国需以负责任大国的形象，以自身产业链供应链韧性的提升推动与引领全球产业链治理赤字的破解。

（三）产业链供应链韧性提升的实现路径

加强产业链风险管理与预警，建立重点产业链国内备份系统。随着大国博弈的持续升级，产业链面临的断链风险显著上升，亟须对国外形势作出科学预见与审慎判断，特别是对主要国家在半导体、生物医药、高端装备等重点领域的技术贸易政策的动态跟踪，加强产业链风险管理与预警，做到未雨绸缪。针对产业链开展全面评估与清单梳理，完善产业链风险数据库与预警机制建设。强化监测关键领域产业链与核心环节，划分多形态的产业链供应链风险，例如外国依赖、供应来源结构、供应商的脆弱性、市场的脆弱性、供应商市场产能受限、制造业原材料短缺、本土人力资源或基础设施不足等多形态风险，借助大数据、知识图谱与人工智能技术等，构建覆盖多产业、多环节、多形态的产业链风险监测数据库与风险预警平台，为全面识别产业链堵点、卡点与脆弱点提供信息支持。依托全国统一大市场建设，加速要素资源的流动与再配置，完善产业链发展的跨区域、跨部门协作机制，形成区域要素禀赋与产业链分工相匹配的产业链布局。围绕重点城市群、都市圈、国家中心城市等培育优势产业链供应链集群，将其打造为产业链备份基地。引导具备潜力的产业链备份基地有效链接东中西部的产业链，深化产业协作，促进产业链上下游配套发展,通过补链、延链、强链实现重点产业链的国内链条的完备性与自主性,以有效化解可能出现的外部断供风险。

拓展产业链合作"朋友圈",构造产业链紧密合作网络。产业链合作对象选择是大国之间开展竞合的主要内容之一。为防范产业链政治化重构对我国带来的断供断链风险,我国须进一步扩宽对外经贸关系,扩大合作"朋友圈",从而在"实施更大范围"开放中实现产业链供应链多元化发展。在供应链高度集中的产品领域,拓宽供应链的多元化来源地,通过在政治互信基础上建立"友岸供货"供应链,以确保供应的稳定性和可靠性;利用庞大的经济规模、统一的市场优势、完备的工业体系优势、基础设施和人力资本优势等积极融入美国及其"朋友圈"的经贸体系,同可发展的美国盟友加强合作关系。借助区域经贸合作平台与自贸区协定,建立紧密合作的产业链网络,扩大多层次多维度的利益融合,提高大国博弈下的有意脱钩成本,降低被动脱钩风险。依托"一带一路"、《区域全面经济伙伴关系协定》(RCEP)以及加入《全面与进步跨太平洋伙伴关系协定》(CPTPP)等经贸合作平台框架,进一步释放双边贸易合作潜力,持续深化区域产业链合作,如加快中国—东盟产业链供应链、中日韩产业链供应链合作关系的推进;利用各类对外合作平台打造产业链集群,将其作为纽带,深化国内外产业链供应链的对接与联系,如通过链接"一带一路"沿线国家和地区的节点城市,向西拓展开放范围,通过对接边境口岸和境外合作园区,构建稳定的丝绸之路经济带区域产业链供应链体系;以我国的产业规模优势、配套优势和部分领域的先发优势为基础,不断加强对外资的吸引力。同时,实现由吸收外资大国向双向投资强国的转变,逐步提高高端制造和高技术服务等相关领域产业链的对外投资比重,大力支持能够产生明显技术逆向溢出效应的对外投资项目,以及有助于整合外部资源与提升我国产业链现代化水平的对外投资项目等,利用外商投资衔接国内国际两个市场,助力区域产业链网络循环畅通。

积极参与全球产业链治理,推动全球产业链的规则与标准建设。面对当前全球产业链治理出现的新难题,我国须坚持维护产业链供应链的公共产品属性,承担起保障全球产业链供应链安全、稳定、高效发展的国际社会责任,依托在国际组织和多边平台上积极发声争取更多话语权,促进产业链治理从霸权治理、强权政治主导向多边治理、合作共赢的模式转变。例如,始终以构建人类命运共同体为理念,积极参与全球治理体制建设,不断提升我国在联合国、世界贸易组织、二十国集团、亚太经合组织、上海合作组织等国际和地区治理机制中的影响力;积极参与产业链热点问题的解决,提出具有中国特色的治理方案,完善补充新兴领域的治理规则空白;贯彻落实世贸组织倡导的非歧视、透明度、公平竞争等供应链标准,促进全球产业链的互利合作发展,破解全球产业链治理赤字。围绕数字治理、绿色发展等新兴议题,推动全球产业链治理规则与标准建设,助力我国产业链供应链韧性的提升。通过制定我国数字治理框架与治理体系,提出产业链数字治理规则的"中国提案"。通过提高标准制定能力、对标一流产业标准以及与国际化标准组织合作等举措,提升中国标准的国际认可度等。这样通过全方位、多层次地提高我国在全球产业链治理规则与标准的制定权和话语权方面的地位,以避免美国等西方国家形成将我国排斥在外的规则或标准制定圈。

第二节　加强数字经济与智慧社会建设

一、加强数字经济建设

习近平总书记指出,"当今时代,数字技术、数字经济是世界科技革命和产业变革的先机,是新一轮国际竞争重点领域,我们一定要抓住先机、抢占未来发展制高点","发展数字经济意义重大,是把握新一轮科技革命和产业变革新机遇的战略选择"。数字经济以数字技术为重要动力、以数据资源为关键要素、以数字平台及现代信息网络为主要载体,能够加速生产要素流动,提升市场配置效率,驱动传统产业转型升级,推动生产方式变革,是实现高质量发展的重要驱动力量。加强数字经济建设,充分挖掘并发挥数字经济对科技创新和产业创新融合发展的赋能作用,对于塑造发展新动能新优势、促进经济高质量发展具有重大意义。

（一）推动数字经济创新发展的重大意义

助推生产力全面升级，加速培育新质生产力。数据要素的大量涌现成为新的生产要素，并逐步走向价值化和市场化，加速实现了产业链整体信息化，成为国民经济运转过程的常态，对全要素生产率的提升起到了关键的促进作用。平台经济对提振消费和拉动内需形成了显著的优势效果，在有效满足定制化需求的基础上紧密连接供给侧与需求侧，促进生产要素利用和生产力提升，以更低的社会成本实现了消费量和消费者福利的增加，提高了国民经济内在循环效率。工业互联网的深度布局极大赋能工业体系建设，将生产安全纳入体系，成为数字创新业态中的重要一环，显著提升了工业领域的生产率和要素使用效能，为从工业优化角度培育新质生产力积蓄力量。

公共服务的数字化转型成为改善民生的重要一环。医疗和养老等领域的数字化升级尤为突出，数字经济创新在缓解公共服务领域中的传统问题方面确实扮演着关键角色。文化与教育事业作为民生领域的重点，也是数字创新发挥关键作用的领域，数字经济创新的延伸范畴得到高度拓展，有望通过整个社会在数字教育文化活动中的高度参与，有效回馈企业目标，增强企业的创新经济价值创造能力。教育文化数字化建设任务及其数字内容，将从精神文明培育的角度，有效发挥改善民生的作用，深入实现数字经济创新的社会价值。同时，政府层面对数字经济创新的合理引导，使得数字创新经济价值创造能够有效扩大受益人群规模，对共同富裕产生积极作用。

（二）推进数字经济创新发展的可行路径

近年来，我国数字经济发展成效显著，为稳定宏观经济增长发挥了重要作用。在新一轮科技革命和产业变革的背景下，突破我国数字经济发展瓶颈，促进数字经济做强、做优、做大，必须发挥科技创新的驱动力，特别是数字科技创新蕴含的强大动力，为数字经济发展注入新动能。要牢牢把握新一轮科技革命和产业变革的发展机遇，坚持创新驱动为牵引，着力在推进数字技术新突破、壮大数字产业新能级、激发实体经济新动能、培育数字应用新业态、释放数字赋能新价值等方面不断取得新突破，扎实推进数字经济高质量发展。

聚焦"内生驱动"，加强关键数字技术攻关。商业模式创新，特别是"大数据+""共享经济""平台经济"的广泛应用，是数字经济快速发展的重要推动力。我们必须坚持把创新作为数字经济发展的第一动力，打好关键核心技术攻坚战。要坚持将数字科技创新的重点放在计算、存储、架构、安全、操作系统等底层技术上，以数字技术的"硬突破"构筑产业发展的"硬支撑"。

聚焦"激发活力"，强化企业创新主体地位。对于创新资源丰富、创新基础良好的大型龙头企业，要联合国内外高校、研究机构、国家级实验室、科创平台，形成以关键核心技术和产业共性技术为重点突破方向的产学研用深度融合体系，加快构建创新联合体，营造良好的创新生态系统。对于创新资源匮乏、创新基础薄弱的中小企业，要围绕"专精特新"持续发力，力争在高度细分市场中构建竞争优势，着力打造不可替代的利基产品和独特工艺。

聚焦"动能培育"，释放数据要素巨大价值。要在明确数据权属、确保数据安全、完善交易体系的前提下，进一步激活数据要素的新价值，就需要探索和挖掘更多的数据利用方式与应用场景。探索数据多元化利用方式，包括依靠云原生、软硬协同以及湖仓一体等技术为代表的数据处理技术，持续助力用户降本增效等；拓展数据要素应用场景，包括增强数字创新场景效能，以数据要素赋能国家级高端实验室、产业创新中心、技术创新中心以及工程中心等。

聚焦"链路优势"，打造新兴产业集群。要在数字技术创新上形成"点"的突破，将创新焦点聚集在"卡脖子""高价值""强地位"三类节点上，实现关键技术自主可控。以市场为导向的数字技术创新，依托完整的创新链、供应链、产业链链路优势，将创新成果推向相关的横纵经济领域，完成新技术、新产品的商业化与创新扩散。要发挥产业链、供应链和创新链中龙头企业的头雁作用，带动横纵经济领域的其他中小企业形成相互依赖、相互补充、良性竞争的产业生态体系。

（三）夯实数字经济发展的政策要素保障

要主动应对数字经济时代政府治理面临的新挑战和新需求，围绕加大平台建设、集聚创新资源、提高服务质量、加强数据共享等方面，全方位进行政策保障，着力营造一流的发展环境，助推数字经济高质量发展。

加强高能级科创平台建设，赋能数字产业集群高质量发展。 完善高能级创新平台赋能数字产业集群高质量发展的机制体制。发挥高水平大学在数字技术基础研究领域的学科优势，为数字产业集群发展提供公共知识资源、专业人才储备，以及强大的智力支持。发挥新型实验室在数字技术应用研究领域的平台优势，为数字产业的关键核心技术攻关、共性技术瓶颈突破、前瞻性技术布局提供专业技术服务。发挥重点企业研究院在数字技术工程研究领域的市场优势，为数字产品创新、数字技术创新的工程化落地和产业化应用铺平道路。

构建"链主＋链条"机制，牵引数字产业集群向横纵方向延伸。 以人工智能、边缘学习、云计算、深度学习及大数据为重点技术方向，以数字安防、集成电路、网络通信、智能计算为焦点产业，以规模实力、市场影响力、自主创新能力、持续发展能力、产业带动能力为标准，以"专精特新""小巨人""单项冠军"等计划为依托，在每条重点产业链遴选若干家"链主"企业，与产业链上下游企业形成"链主＋链条"生态圈。要发挥"链主"企业作为产业链"超级节点"的产业生态集聚功能，带动区域数字产业集群集聚，最终形成具备多样性和稳定性的数字产业生态系统。

深化供给侧结构性改革，满足数据要素开发利用需求。 清理规范制约数字经济发展的行政许可、商事登记等事项，营造开放包容的制度环境。鼓励数据技术供给与数据产品供给的双重创新，推进数据资源的供给侧改革，满足数据要素多元化利用需求。在数据技术供给创新方面，要加快推动数据基础理论研究，力争在数据编织、大规模多源异构数据管理、大规模图计算等方面取得突破。在数据产品供给创新方面，要鼓励建设高质量数据集，开展数据质量评估评价，构建面向大模型的高质量语料库。

优化"数商"生态培育，畅通数据交易流通渠道。 要按照《中共中央　国务院关于构建数据基础制度更好发挥数据要素作用的意见》要求，重点培育一批基础设施提供商、数据资源集成商、数据加工服务商、数据分析技术服务商、数据安全服务商、数据质量与合规评估服务商等"数商"，加强数据要素流通生态圈建设。鼓励企业设立首席数据官职位,对接"数商"机构,发挥"数商"在数据采集、数据清洗、数据加工方面的专业特长,整合企业内外部数据资源,创新挖掘数据资产价值。推动"数商"和企业首席数据官协同作用,促进数据要素资源化、产品化、服务化、市场化,实现数据要素合规高效、安全有序流通。

(四) 数字经济赋能科技和产业融合发展

组建以"链主"为核心的紧密型创新联合体。"链主"企业在创新链、产业链治理中占据主导地位,依托其市场控制力和技术领先度,通过提供商业化应用场景、进行精准投资等方式,"链主"可以有效引导、促进关联创新主体实现技术突破,加快科技成果转化和产业化进程。数字经济时代,科技和产业创新进入密集活跃期,呈现出多学科融合、多环节交叉的特征。围绕创新链与产业链,遵循市场化原则和商业化逻辑,以"链主"企业为核心,构建紧密型创新联合体,并在制度设计上明确责任归属和成果分享机制,可以在更广领域、更多层面聚集创新力量、汇聚创新资源、激发创新活力,从而在承担国家重大科技项目、攻克关键核心技术及推动技术应用等方面发挥更大作用。

完善科技和产业协同创新要素保障机制。面向产业发展需求,建立健全项目制、订单式人才培养和引进模式,支持国家实验室、科研机构、高等院校与企业发挥各自特色优势,合作培养高素质科技产业复合型人才,创新人才引进政策,吸引更多全球高水平科技产业复合型领军人才。加强数据标准体系建设,规范对数据采集、汇聚、清洗、标注、存储的全流程管理,探索市场化、多样化的数据开发利用机制,构建数据要素市场规则,推动形成全国一体化的数据市场。完善创新投融资机制,加大普惠科技金融对孵化载体与在孵企业的扶持力度,支持创业投资基金、产业投资基金加大对创业项目、初创企业、成长期企业的投资力度,鼓励金融机构加强对国家重大科技任务和科技型中小企业的金融支持。强化知识产权保护部门、企业、金融机构之间的沟通协调,建立健全知识产权价值评估体系,大力发展知识产权质押融资。

强化科技和产业创新政策取向一致性。科技政策应重点聚焦产业发展需求,汇聚创新要素资源;产业政策应重点聚焦科技攻关及成果转化,确保政策同向发力、形成协同创新合力。围绕推动集成电路、工业母机、医疗装备、仪器仪表、基础软件、工业软件、先进材料等重点产业链发展,更好发挥国家战略科技力量作用,优化科技创新组织机制,发展一批市场导向的新型研发机构,建设一批行业共性技术平台,鼓励和引导全社会科技力量、创新资源汇聚,全链条推进技术攻关、成果应用。同时,围绕加快关键共性技术、前沿引领技术、现代工程技术、颠覆性技术创新,建设一批概念验证、中试验证平台,完善首台(套)、首批次、首版次应用政策,加大政府采购自主创新产品力度,支持企业积极提供商业化应用场景和转化载体,引导成果转化、风险投资机构共同聚力推动科技成果转移转化,加速创造新产品新服务,培育新产业与新模式。

二、加强智慧社会建设

智慧社会是由智能革命驱动的,以智能生产、智慧生活、智能文明为依托的新型技术社会形态,为不断推进与拓展中国式现代化道路提供强大支撑。作为一项系统性工程,内容涵盖国家治理、经济活动、公共服务、民生保障、生态环保等多个方面,强调要素的关联、融合、协同,跨部门、跨领域、跨地区的互联互通,相应建设框架也需显现体系完备、长效运行的基本特征。在把握智慧社会特征与运行机制的基础上,以智能化推进国家治理体系和治理能力现代化,防范化解智慧社会风险,使智慧社会建设更好地为中国式现代化发展赋能。

(一)智慧社会建设趋势

随着智慧社会建设的持续推进,新的需求不断提出,构建立体化、全方位、广覆盖的社会信息服务体系,推动经济社会高质量发展,建设美好社会。智慧社会建设呈现多元共治、社会协同、服务共享、体系推进的发展趋势。

基础设施泛在化。信息网络等基础设施已无处不在,人机高度耦合,泛在、群智、易扩展的信息基础设施是智慧社会建设的基础保障。实现万物互联需要无处不在的物联终端设备、物联网、互联网等基础设施,据此持续采集和传输数据。随着云计算、大数据等信息技术推广应用，智能技术研究焦点转向发展多智能体协同的群体智能。为支持实现未来社会万物互联，需优化互联网、物联网等基础设施架构设计，使其具备良好的易扩展性。

多元主体协同化。我国治理格局正向多元治理转变。探索多元治理主体协同与合作模式，完善社会协同治理监管和保障机制，在现代通信网络、信息系统平台上进行交互和信息共享，实现多元协商即时化。充分吸引市场和社会等多元治理主体参与，进行广泛、深入的互动与合作，完成各种治理任务，形成共建、共治、共享的社会治理新格局。

数据要素价值化。一方面，建立健全信息化技术辅助行政决策机制，打通数据壁垒、推动数据融合，支持形成"用数据说话、用数据决策、用数据管理、用数据创新"的科学决策新方式，是实现行政决策科学化的重要依托。另一方面，在安全有效的前提下深化数据采集、数据组织、数据流通、数据利用，实现数据要素的价值开发，推动数据生产力释放并支持经济社会高质量发展。

社会治理智慧化。不断完善社会治理信息服务体系，实现流程再造、跨场景应用，促进社会治理模式由分散转向协同。利用物联前端设备突破时间和空间限制以实现全时域在线监测，采用大数据、云计算、AI等技术从海量信息中分析并明确社会治理方面的问题。针对社会治理风险进行科学预测和辅助决策，减少传统末端治理的被动性，推动事后治理模式向事前预警模式转变。

公共服务普惠化。一是实现公共服务数字化，利用网络化、数字化、平台化、泛在化的技术及应用手段，建立跨部门、跨地区，业务协同、共建共享的公共服务信息体系，推动公共服务高效化、便捷化，有效促进区域之间、城乡之间的公共服务均等化和普惠化。二是创新发展教育、就业、社保、养老、医疗、文化等服务模式，提升面向特殊群体的数字化社会服务能力，使全体社会成员普遍分享公共服务。

政务体系一体化。参照企业平台发展趋势，面向全社会提供基础设施、平台、应用等云计算服务，具有应用面宽泛、商业机遇丰富的特征。推动国家信息资源库等基础设施共建共用、大平台融合通用、大数据开放利用、"互联网＋"创新应用，加快网络、数据、服务融合，成为数字中国建设的着力点。随着智慧社会建设的推进,形成更加广泛、统一的公共服务和数据共享交换平台是大势所趋。

(二) 推动智慧社会体系化建设

加强顶层设计,夯实智慧社会体系化建设基础数字底座。加强国家新型智慧社会的战略论证和顶层设计,基于国家网络通信基础设施进行"网、云、数、控、智"融合拓展,统一建设智慧社会体系能力支撑平台。形成国家数字化信息基础设施底座并列为国家战略基础设施,解决分散建设模式存在的突出矛盾,为全社会提供体系化、智能化、高效率的服务。对于智慧社会体系能力支撑平台建设,发挥关键核心技术攻关新型举国体制优势,列入国家发展战略规划,借鉴高速铁路、高速公路发展模式,适时设立国家级专项建设工程;发布纲领性文件以指导全国统一的智慧社会体系能力支撑平台研发建设,统筹开展建设、管理和运维。及时制定基于智慧社会体系能力支撑平台构建智慧社会业务应用系统的机制及标准,涵盖现有业务系统的改造、转换、升级,示范业务应用系统的推广和应用,保障研发、建设、应用、推广等环节的顺利实施。

采取体系化建设新模式,以高效运营推动智慧社会建设持续发展。智慧社会建设宜采取投资、建设、管理、应用新模式。资源投入方面,国家与地方、政府与企业相结合,统一设计、分域构建、全域共享。平台建设方面,统筹建设过程,基于国家网络通信设施进行"网、云、数、控、智"融合拓展。在管理模式方面,借鉴通信运营商的运行机制,构建长效运营平台,通过对上层应用系统服务取得投资回报效益,形成持续演进的良好生态。在业务应用方面,各地区、各部门基于数字化基础平台并结合自身应用需求构建专属系统,将管理职能重心转向以数字化手段提高管理效率、决策能力、服务质量,消除分散投入、重复建设现象。

配套改革举措,构建智慧社会标准和法律法规体系。采取新模式开展智慧社会体系化建设和运营,需要与之相适应的思维观念、政策法规、组织架构、体制机制、管理流程。及时开展与智慧社会发展相关的法律法规、制度标准的制定或修订。革新思想观念,培养地方管理部门的数字化思维。以满足居民的美好生活需要为出发点和落脚点，立足地方实际情况，将智慧社会建设与经济社会发展、持续改善民生进行有机结合。建立统一的智慧社会体系化建设标准体系及评估机制，实现网络、数据、平台、安全等方面的技术标准、业务流程、监管标准规范化。健全关键信息基础设施的安全保护、数据安全管理、网络安全审查等管理制度，保障国家安全、公民隐私以及关联各方权益，推动智慧社会体系化建设的规范有序展开。

第三节　助力绿色发展和生态文明建设

绿色发展是高质量发展的底色，新质生产力本身就是绿色生产力。加快绿色科技创新，是牢固树立尊重自然、顺应自然、保护自然的生态文明理念，实现绿色发展的内在要求，也是实现绿色低碳转型的必要条件。要把加快绿色科技创新落到实处，助力发展方式绿色低碳转型，不断巩固提升我国绿色发展优势，让科技创新更好地为数字生态文明建设赋能。

一、加大绿色技术创新实践

推动绿色技术创新，加强示范推广。在强化应用基础研究层面，构建起针对前沿引领技术以及颠覆性技术的预测、发现、评估和预警等一系列机制。把减污降碳、多污染物协同减排、应对气候变化、生物多样性保护、新污染物治理、核安全等作为国家基础研究和科技创新的重点领域，加强关键核心技术攻关。在加快关键技术研发领域，需推进绿色低碳科技的自主自强，聚焦关键领域，进行统筹规划并强化技术攻关。加快突破储能技术，加强需求侧有效管理和利用，有效应对清洁能源波动性。鼓励应用需求侧技术聚焦韧性调节，通过相关技术突破和解决方案，加强资源合理配置。实施生态环境科技创新重大行动，建设生态环境领域大科学装置和重点实验室、工程技术中心、科学观测研究站等创新平台。在开展创新示范推广方面，要积极开展多层次的试点工作，大力推进工业、能源、交通运输、城乡建设、农业等重点领域实现减污降碳的协同增效。

壮大创新主体，激发绿色创新活力。以供需匹配机制为衔接，强化创新主体地位。在供给端，锚定绿色低碳主攻方向，集中资源、协同攻关突破绿色核心关键技术，大力培育建设绿色技术创新企业、绿色低碳科技企业以及绿色技术创新领域的国家级专精特新"小巨人"企业、"隐形冠军"和"单项冠军"企业等，激发提升企业绿色技术创新策源能力。在需求端，以扩大内需战略为契机，积极推动绿色低碳产品的生产和推广、消费品的绿色更新及升级，主动引导培育多样态的绿色消费需求，厚植全社会的绿色消费意识及生态文化氛围，激励绿色技术创新的不断涌现。推动供给和需求衔接匹配、耦合更新，形成"需求牵引供给、供给创造需求"的绿色技术创新动态均衡新格局。

加快绿色技术转化，提升市场化水平。以构建绿色低碳科技成果转移转化体系为抓手，提升绿色技术市场化水平，推动更多绿色技术成果向现实生产力转化。积极建立健全绿色技术交易制度，探索建立绿色技术交易平台，在明确细化交易标准基础上，健全绿色技术交易管理制度，完善基础甄别、技术评价、供需匹配、交易佣金、知识产权服务和保护等机制，提升绿色技术交易服务水平。以能源绿色低碳转型技术、低碳与零碳工业流程再造技术等前沿颠覆性绿色低碳技术等为重点，遴选先进适用绿色技术，发布绿色技术推广目录，健全绿色技术推广机制，加快绿色技术推广应用。着力推进绿色低碳技术应用示范，根据典型区域资源禀赋、产业特征及区域定位等特点，开展绿色低碳技术应用示范，形成一批可复制、可推广的绿色低碳成果转化有效模式。

强化要素供给，构建创新保障体系。一方面，加大财政金融支持力度，加强绿色债券、绿色信贷等金融财税支持，充分发挥国家科技成果转化引导基金作用，助力绿色技术创新成果孵化转化。加强绿色技术创新的股权支持力度，引导各类天使投资、创业投资、私募股权投资等支持绿色技术创新和成果转化。鼓励保险机构结合绿色技术应用场景，为绿色技术创新提供风险保障。落实环境保护、节能节水、资源综合利用等企业所得税优惠政策以及科技人员绿色技术创新成果转化收入个人所得税优惠政策，促进绿色技术、装备和产品研发应用。另一方面，加强各类绿色技术创新人才培养，鼓励高校、职业院校、科研院所、骨干企业共同实施绿色技术领域产学合作协同育人项目，联合培养绿色技术创新专业人才、高素质技术技能人才。强化绿色技术经纪人队伍建设，培养专业、高效的绿色技术经纪人队伍，充分发挥桥梁纽带作用，促进绿色技术先进成果与产业需求精准链接。

依托区域协同机制，优化创新分工协作。在区域尺度，以绿色技术地域分工、区域协作为重要抓手，塑造绿色技术创新"飞地"平台，构建形成以市场需求为导向，资源要素互补、梯度分工协作、协同联动发展的绿色技术创新区域合作空间。就国内而言，依托绿色技术产业链集群、绿色技术领域展会活动、绿色技术从业者沙龙等正式与非正式组织，建立跨区域绿色技术协同创新网络，形塑渗透不同空间位势和城市层级的绿色技术创新"流空间"，加速绿色技术创新推广、扩散及应用。从全球来看，借助"引进来""走出去"等国际多边合作机制，积极消化学习国际先进技术、理念和模式等，并依托海外市场和国际需求拓展绿色技术应用场景，反向推动国内绿色技术创新空间的优化布局。

二、加快实现绿色低碳转型

当前，我国已迈上全面建设社会主义现代化国家新征程。必须坚持高质量发展是新时代的硬道理，牢固树立和践行"绿水青山就是金山银山"的理念，强化绿色低碳科技创新赋能，充分发挥生态环境引领、优化和倒逼作用，加快发展绿色生产力，同步推进高质量发展和高水平保护，加快推进人与自然和谐共生的现代化，全面推进美丽中国建设。

(一) 加快发展方式绿色转型

深入实施生态环境分区管控，优化国土空间开发保护格局，提升生态安全保障能力，深化源头预防体系改革，为优化生产力布局提供绿色标尺。探索生态产业化开发模式，健全生态产品价值实现机制，因地制宜将绿水青山的生态价值转化为金山银山的经济价值。推进产业数字化、智能化同绿色化深度融合,大力推进传统产业工艺、技术、装备升级。加强项目环评服务保障,积极支持新兴产业、未来产业发展。严把环境准入关口,坚决遏制高耗能、高排放、低水平项目盲目上马。支持发展绿色能源产业,大力推进以沙漠、戈壁、荒漠地区为重点的大型风电、光伏基地建设,扎实推进重大水电和抽水蓄能项目建设,加快构建新型电力系统。全面开展多领域多层次减污降碳协同创新,加快推动重点行业绿色低碳转型,高质量推进钢铁、水泥、焦化等行业超低排放改造。加快推进产业园区绿色化、低碳化、智能化,大力推行循环型生产方式,促进绿色环保产业高质量发展。

(二) 建设绿色低碳产业体系

加快发展方式绿色转型,以数字化创新驱动生产绿色转型,是实现高质量发展的关键环节和必然要求。以数字技术赋能产业转型升级,提升资源的合理利用水平。要充分发挥数字技术的集约化优势,通过自动化设备和智能系统的升级,为推动建立绿色低碳的现代产业体系打下坚实基础。一方面,应用物联网技术,实现对生产全链条的数据监控与实时控制,更好地根据需求变化精准调控生产管理方式,促进产业链上下游的需求调控、资源协同互补,达到对资源能源的精准控制与最小化消耗,减少环境污染。利用先进的数字技术,实现资源的优化配置与再生,降低生态治理成本。通过推动制造业智能化、绿色化发展,以产业数字化提升能源资源的管理水平,从而提高生产效率、优化生产环节、激发生产效能。以数字化发展循环经济,践行生态环保的绿色使命。另一方面,引导企业建设低耗高产的绿色制造体系,使用绿色低碳技术与节能设备,提高可再生能源占比,达到单位生产量的能耗、物耗大幅度下降的良好效果。通过"互联网＋再生资源回收利用"等途径,对可持续材料或新型废弃物进行回收、循环利用。培育一批绿色供应链主导企业,推广应用绿色供应链管理技术、标准和认证,强化绿色供应链管理。

(三) 倡导绿色低碳生活方式

将扩大绿色产品供给能力作为推进绿色消费的重要着力点,构建绿色低碳产品标准、认证和标识体系,推进消费品绿色设计与制造一体化,持续加大绿色采购力度。推动各类生产设备、服务设备更新和技术改造,鼓励汽车、家电等传统消费品以旧换新,推动耐用消费品以旧换新。以新能源设备为重点,推动港口、城市物流、工程机械等非道路移动源以旧换新。加强资源再生产品和再制造产品推广应用,健全废弃物循环利用体系,完善废旧物资回收网络,有序推进风电光伏、动力电池等产品设备及关键部件梯次利用,研究扩大废弃电器电子产品处理制度覆盖范围,进一步延伸废弃电器电子产品生产者责任。探索建立"碳普惠"等公众参与机制,推广简约适度、绿色低碳、文明健康的生活方式和消费模式,加快形成绿色低碳生活新风尚。推动绿色生活场景数字化。进一步发挥数实融合优势,推动公共服务和社会系统的运行效率,为全民构筑起快捷便利的绿色生活场景。加快智能基础设施在城市环保领域的应用,以智能技术集成应用推进绿色智慧城市建设,以智慧平台优化城市生态管理效率,全方位助推城市空间、产业、交通与能源结构的绿色低碳转型。打造线上线下相贯通的绿色智慧社区,提供方便快捷、资源共享的社区生态公共服务。加强绿色消费中的数字化应用。以一体化智能化公共数据平台为基础,从供给端更准确地把握民众的个性化需求,创造沉浸式的绿色消费场景体验。通过数字化平台引领绿色消费。鼓励社会公众绿色减碳行为,营造绿色消费氛围,丰富公众参与低碳减排的便捷途径,推进全社会简约适度、绿色低碳生活方式的转变。

(四) 完善绿色低碳政策体系

围绕重点领域和关键环节加强政策协同和部门联动。健全资源环境要素市场化配置体系,稳步扩大全国碳排放权交易市场行业覆盖范围,丰富碳市场交易品种、交易主体和交易方式,推进全国温室气体自愿减排交易市场建设,推动能耗双控逐步转向碳排放总量和强度双控。统筹协调信贷、债券、股票、基金、保险等不同绿色金融产品标准,深化环境信息披露改革,健全碳排放信息披露框架,建立精准金融支持政策。构建覆盖成本并合理盈利的污水和垃圾收费机制。发挥环保标准引领倒逼作用,推进新兴产业环保标准设立,修订产业结构调整指导目录,以生态环境高标准体系服务绿色生产力供给。在可再生能源、重点行业设备更新改造、减污降碳协同增效、绿色消费、绿色低碳科技创新、现代化生态环境基础设施等重点领域推动实施一批重大工程。

三、推动数字生态文明建设

数字生态文明建设深刻体现了以数字技术为代表的先进生产力是提升生态环境治理效能、推动经济高质量发展的重要手段,体现了中国式现代化以高水平保护促进高质量发展、推动实现人与自然和谐共生的本质要求,彰显了我国在生态环保领域负责任的大国形象和与时俱进的时代风貌。

(一) 推动数字生态文明建设创新落地应用

加强数字技术创新运用,提升数字生态技术水平。生态及环保领域,大数据、云计算、人工智能等前沿科技不断被推广应用,为行业带来了革命性变革。增加对数字信息化建设的投入,提升数字生态技术的研发能力,探索更加绿色、高效的数据治理技术,打造更加便捷、共享、智慧、互联的数字生态治理平台,对构建数字技术赋能生态文明建设的高质量发展模式至关重要。

统一数据标准与清单化管理,提升治理决策实际效用。通过制定和执行一系列统一的标准,对数据进行"一数一源一标准"的清单化管理,既能够方便数据的存储、传输、分析与跨平台比较,又可以提高生态环境数字化治理能力,为不同系统之间的数据共享和交换、推进高效协同的数字政务奠定基础。

优化数据中心整体布局,开辟能耗新应用场景。目前我国数据中心总体呈现东多西少的分布态势,持续推动"东数西算",优化数据中心建设布局,能有效缓解东部地区资源限制束缚,实现地区间算力平衡。此外,数据中心设备长期运转会散发大量余热,通过合理设计加强回收利用,在减能降耗的同时可最大化发挥数据中心服务效能。

强化生态文明建设科技组织管理体系。统筹谋划生态文明建设科技发展相关规划、政策、任务,加强生态文明建设科技政策与产业、人才等政策协调。强化中央科技委员会对生态文明建设重大科技攻关的统筹,加强自然资源部门科技促进社会发展规划、科技项目管理，进一步增强自然生态等行业部门科技创新工作能力。

（二）完善数字生态文明建设法治体系保障

加强法治建设，确保数字生态文明建设依法依规有序进行。一方面，要坚持立法先行的原则。针对数字技术对于生态文明建设、生态安全保护带来的新挑战与新机遇，及时制定或修订相关法律法规。明确界定数字技术在生态环境监测、预警系统构建、资源管理优化等领域的应用界限与标准，确保技术的合理、合法、有效运用。建立健全数据收集、处理、共享及隐私保护的法律框架，平衡技术进步与个人隐私保护的关系，明确责任主体，完善追责机制，确保数字行为在法治轨道上运行。另一方面，加强法律之间的衔接与协同。数字生态文明的建设涉及多个领域、多个层面，对法律条款之间的逻辑一致性和实际操作的可行性提出了更高的要求，要确保相关法律之间的有效衔接、互为补充，为数字生态文明建设提供全方位、多层次的法律支撑。加强跨部门、跨领域的法律协调与合作，建立高效的法律实施与监督机制，确保法律法规的有效执行与落地。

建立健全运行高效、协同联动的数字生态治理机制。打破部门壁垒与地域限制，通过高效的协作机制，促进信息共享与资源整合，确保生态安全信息在第一时间得到全面、准确的捕捉与传递。建立统一的信息平台与数据标准，促进生态环境、气象、水利、林业等多部门间的数据互联互通。建立一套科学严谨、操作规范的生态安全预警流程同样不可或缺。这一流程应涵盖信息收集、分析评估、预警发布、应急响应直至后期评估的每一个环节，确保生态安全预警信息的准确性、时效性和高度针对性，为生态环境的安全保障提供坚实支撑。

（三）厚植培育数字生态文明建设思想共识

数字生态文明作为现代科技与社会发展的新兴领域，体现了科技理性与人文理性的深度融合。它不仅仅是技术进步的产物，更是对人类生活方式、思维模式以及与自然关系深刻反思的结果。

培育数字文化。通过全面的数字教育和培训项目,强化全民的数字能力建设,使每个个体都能成为数字时代的积极参与者和负责任的公民,共同推动社会的进步。端正数字技术的伦理导向,确保公众在享受数字生态技术便利的同时,行为严格遵循社会伦理规范及法律法规的框架,维护健康、和谐且可持续发展的数字环境。

弘扬生态文化。持续加强生态环境知识的宣传与普及工作,确保绿色可持续发展理念深深植根于民心,加速构建全民主动参与生态保护的新格局。巧妙借助博物馆、展览馆、科教中心等实体平台,社交媒体、短视频平台、在线教育课程等数字化媒介,多维度展示美丽中国建设生动实例,切实增强公众的环保意识与生态安全观念。广泛开展丰富多彩的线上线下活动,有效激发社会各界对生态保护的深切责任感和积极参与的热情。

(四) 构建多元共治数字生态文明建设格局

充分发扬党委领导、政府负责、社会协同、公众参与、科技支撑、法治保障的生态环境治理共同体作用。利用互联网、大数据、云计算等现代信息技术,建立便捷、高效的数字化公众参与互动平台,充分发挥出多元共治的生态治理合力。政府和环保机构主动公开环境监测数据、环境政策制定过程及其实施效果等信息,增强公众对环境状况的知情权、参与权和监督权,既有助于建立政府与公众之间的良好信任关系,促进公众更加积极地参与生态保护工作,还能够有效地去除数据崇拜和数据独尊现象的发生。设立环保问题举报与反馈渠道,识别公众对环境问题关注的重点与焦点,及时发现和化解生态安全风险和隐患,维护社会的健康与稳定。

积极参与全球生态环境治理,在交流互鉴中提升我国生态环境治理能力和水平。建设绿色家园是人类共同的梦想,保护生态环境、推动可持续发展是各国的共同责任。我国作为后发国家,在全球化过程中相较于发达国家起步较晚,仍需要不断向西方国家学习先进的生态环保技术,取长补短,精益求精。同时,生态环境治理创新举措不仅能够为我国带来可持续发展动能,也会为全人类可持续发展提供有力、有效的中国治理方案。

第四节　全面深化科技体制机制改革

一、全面深化科技体制机制改革的现实意义

面对复杂的国际国内形势、新一轮科技革命与产业变革、人民群众新需求新期待，党中央作出进一步全面深化改革的部署，体现了坚定不移深化改革的历史主动和坚定信心，开创中国式现代化建设的新局面。习近平总书记高度重视科技体制改革，作出一系列重要论述，强调要"坚持以深化改革激发创新活力，坚决破除束缚科技创新的思想观念和体制机制障碍，切实把制度优势转化为科技竞争优势"，揭示出科技体制机制改革的历史必然性、形势紧迫性、发展主动性。

深化科技体制机制改革承载历史必然性。习近平总书记指出，科技强国要"拥有强大的科技治理体系和治理能力"。纵观人类发展历史，科技实力决定国家兴衰，优越的制度体系始终是世界主要科技强国创新能力领先、综合实力强大的关键保障。当前，我们比历史上任何时期都更接近中华民族伟大复兴的目标，也比历史上任何时期都更需要科技这个第一生产力。迈向科技强国，对科技体制机制改革提出了更高要求，需要加快完善科技创新组织方式和治理模式，以更加健全的体制机制，增强我国科技创新实力，为加快建成科技强国提供制度保障。

深化科技体制机制改革具有形势紧迫性。当前世界百年未有之大变局加速演进，各国争先占领科技制高点，我国面临创新链不连续、产业链不完善、资金链不稳定等挑战。科技创新是百年未有之大变局的关键变量，科技竞争正逐渐演化为科技创新体系的竞争。我们需要加快推动支持全面创新的体制机制建设，统筹推进教育、科技、人才体制机制一体化改革，推动科技与产业创新深度融合，破解原始创新能力相对薄弱、关键核心技术"卡脖子"、科技资源配置不合理等问题，加快构建引领高质量发展、保障高水平安全的

科技创新格局。

深化科技体制机制改革体现发展主动性。站在民族复兴伟业的关键时期,我国社会发展不平衡不充分的问题仍然存在,需要进一步解放和发展社会生产力。科技作为第一生产力,能够催生新质生产力。我们需要深化科技体制改革,完善新型举国体制,进一步发挥科技创新的渗透性、扩散性、颠覆性特点,使科研成果融入经济社会发展的各方面各环节,将中国特色社会主义制度优势转化为科技创新优势,为更平衡更充分的高质量发展提供不竭动力,为中国式现代化提供战略支撑。

二、全面深化科技体制机制改革的实践路径

新一轮科技革命和产业变革突飞猛进,人工智能、量子信息、生物医药等领域突破性进展交替涌现,全球政治经济格局正在加速重构,国家科技创新活动需要更高效、更灵活、更强适应性的组织机制。适应科技革命演进和国家战略需要,我们可从决策指挥体系、基础研究体制、科技与产业创新融合、科技成果转化、分类评价体系、科技金融支持等重点环节深化改革,构建完善中国特色的科技管理体制机制。

完善顶层决策指挥体系,巩固新型举国体制优势。一方面,需要加强中央科技委员会对科技改革的顶层设计和统筹协调,加强科技发展与治理的战略规划、政策措施、创新主体、创新平台、区域协同等方面的系统集成,保障改革重大决策部署切实落地。另一方面,优化、整合、扩充国家战略科技力量,推动形成跨部门、跨地区的多元化资源配置格局。实施国家科技重大专项,优化科技攻关组织模式,发挥国家实验室牵引作用,发挥国家科研机构建制化组织作用,发挥高水平研究型大学主力军作用,发挥科技领军企业作用,做好共性关键技术研发、科技成果转化及产业化,探索建立市场驱动的关键核心技术突破机制,形成政府有为、市场有效、创新主体有活力的统一格局。

深化基础研究领域改革,激发创新主体内生动力。一方面,以科技计划为载体,加强部门、企业、高校和科研院所的协同创新,根据国家战略需求,梳理适合地方及企业承担的重大项目,纳入国家科技计划体系。加强统筹布

局,完善需求导向和问题导向的国家重大科技任务选题方式,建立将企业、地方符合国家战略需求的项目纳入国家科技计划体系的选择机制。另一方面,强化以科技创新质量、绩效、贡献为核心的评价导向,构建充分体现知识、技术等创新要素价值的收益分配机制。完善科学家本位的科研组织体系,加强项目、资金、人才、基地等经费的统筹及其绩效管理,逐步扩大科研项目经费管理自主权,提高科研人员绩效支出,完善科研项目经费拨付机制,建立科技项目和经费管理的信任机制。通过建立专家实名推荐的非共识项目筛选机制,树立鼓励重大原始创新和颠覆性创新的评价导向,支持我国科研人员勇闯"无人区"。同时,通过加大基础研究投入,提高财政支持比重,健全鼓励基础研究、交叉前沿、重点领域研究的体制机制,提升原始创新能力。充分发挥财政科技资金集中力量办大事的优势,支持攻关突破一批短板弱项技术以及重点产业链,特别是要重点支持关键核心技术攻坚战,保障好国家重大科技项目资金需求,加快抢占科技创新制高点。

推动科技产业创新融合,加快发展新质生产力。充分发挥市场对研发方向、路径选择、要素分配的导向作用,建立符合科技创新规律的资源配置模式。一方面,加快传统产业改造升级、培育壮大新兴产业、超前布局未来产业。推动人工智能、数字孪生、工业互联网等在传统产业的一体化应用,在新能源、新材料、生物技术、高端装备等领域打造一批具有国际竞争力的战略性新兴产业集群,以原创性、颠覆性技术突破催生培育未来产业,加快形成新质生产力。另一方面,建立培育壮大科技领军企业机制,支持企业与高校、科研院所共同组建创新联合体。从制度上落实企业科技创新主体地位,支持有能力的企业牵头承担国家重大技术攻关任务。提高研发费用加计扣除比例,鼓励科技型中小企业加大研发投入。提高民营企业获得知识产权服务的便利性、可及性。打破地方保护和市场分割,统一知识产权行政保护、司法审判标准,加强行政司法衔接,以法治化营商环境吸引全球创新要素资源。

聚焦科技成果转化改革,充分释放创新主体活力。完善科技奖励、收入分配、成果赋权等激励制度。在科技奖励方面,坚持公正性和荣誉性。控制奖励数量,提高奖励质量,重点奖励那些对科技创新有重大贡献的个人或团队。在收入分配方面,深化高校、科研院所收入分配改革。根据薪酬管理需要和实际,优化和规范分配制度,强化市场机制在收入分配中的调节作用。在科技成果赋权方面,通过"放权赋能"激发科研人员成果转化的积极性。赋予科研人员职务科技成果所有权或长期使用权。简化职务科技成果确权程序、完善科技成果评估定价机制、健全成果转化收益保障机制,通过建立健全职务科技成果管理与服务制度,畅通从赋权到产业化的通道,为科研人员创新创业提供机制保障与制度支撑。依托我国产业体系优势和超大规模市场优势,大力发展专业技术服务、技术推广、技术咨询、技术孵化、技术市场、科技评估等科技服务业,协调推动重大科研成果示范应用,做优做强国家科技成果转移转化示范区,为高质量发展提供高水平科技供给。

健全科学分类评价体系,完善科技人才考核机制。细化完善科技人才评价标准。根据不同学科专业、岗位类型、所属领域的需求,针对各类人才制定科学合理又各有侧重的评价标准。聚焦经济社会发展新技术、新业态、新模式,制定新职业、新领域人才评价办法。坚持"破四唯"和"立新标"并举,摒弃简单以论文相关指标和期刊影响因子作为判断直接依据,注重代表性成果的质量协同评价及其影响和贡献度。创新科技人才评价方式。形成专家评价、同行评价、用人单位评价、创新主体自主评价和第三方独立开放评价有机结合的多元评价体系,明确不同类型评价主体在人才评价中的职责,坚持"谁用谁评价"的原则,赋予用人单位更大自主评价权。科学使用科技人才评价结果。建立动态跟踪评价和反馈机制,把评价结果作为绩效考核、岗位聘用、职称评审、表彰奖励等的重要依据,促进人才评价与人才识别、培养、使用、激励环节的有效衔接,帮助科技人才形成自我成长的内在机制。

推动完善科技金融体制,夯实创新体系动力支持。探索并用好科技金融的发展规律,引导与科技创新适配的资金配置赋能到关键行业领域。一方面,加强对科技企业全链条、全生命周期金融服务。提高对科技创新的金融风险监管的包容性,创设、储备和优化结构性货币政策、政府引导基金、资本市场平准基金等金融工具,带动长期资本投早、投小、投长期、投硬科技。加快完善多层次资本市场,对业绩突出的科创上市企业,支持其通过并购重组实现产业整合和技术升级。支持承担国家科技重大项目、在关键核心技术上取得重大突破的科技领军企业上市融资。探索社保基金、保险资金、年金资金等长期资金支持科技创新的机制。另一方面,增强科技金融产品创新能力。强化科技政策性贷款,培育一流投资银行和投资机构,积极探索知识产权质押、应收账款质押、股权质押等新型融资产品,扩大投贷联动试点范围,允许更多符合条件的银行开展针对科技企业的投贷联动业务,拓宽金融支持科技创新的资金来源。

第八章
推动科技开放合作与共赢发展

第一节　强化全球科技合作

习近平总书记在全国科技大会、国家科学技术奖励大会、两院院士大会上的讲话中指出："科技进步是世界性、时代性课题，唯有开放合作才是正道。"这一论断为中国乃至全球的科技发展指明了方向，强调了在全球范围内开展科技合作的必要性和紧迫性。

近年来，我国越来越重视中外技术合作交流，与全球的科技合作进一步加深，然而面临的挑战也不可忽视。美国等部分西方国家将科技"泛安全化""泛政治化"，这种单边主义和保护主义的做法，不仅破坏了国际科技合作的和谐氛围，更增加了全球科技合作的不确定性。与此同时，科技伦理与道德挑战也日益突出，大数据的安全性、人工智能对人类岗位的替代性担忧等问题，都让部分"一带一路"共建国家在科技发展中面临两难境地。尽管如此，全球科技合作的力量和影响力仍不可小觑。我国作为"人类命运共同体"理念的提出者和倡导者，在全球科技合作中始终不懈努力，为全人类福祉共同奋斗。截至 2024 年，我国已经与 160 多个国家和地区建立了科技合作关系，签订了 116 个政府间科技合作协定，参加国际组织和多边机制超过 200 个。这些合作成果，不仅体现了我国在全球科技合作中的积极姿态，更彰显了我国对推动全球科技进步的坚定承诺。

科技部国家重点研发计划"政府间国际科技创新合作/港澳台科技创新合作"等支持联合研究项目 1 118 项，累计投入中央财政经费达 29.9 亿元。这些资金的投入，不仅促进了中外科技人员的交流与合作，更推动了一系列重大科技成果的诞生，为全球科技发展贡献了中国力量。在全球科技合作的征程中，我国始终秉持开放、包容、合作、共赢的理念，积极应对各种挑战，不断拓展合作领域，提升合作水平。

一、"一带一路"沿线国家科技合作

国际科技合作是"一带一路"倡议的重要组成部分，近年来我国与沿线国家合作不断深化。根据不同国家的发展程度和产业特色，开展了多元化的科技合作，不仅促进了各国的科技进步，也为全球经济的可持续发展提供了有力支持。2024 年 6 月，《自然》杂志发表了一篇有关中国"一带一路"科技合作的评论文章，指出中国与"一带一路"倡议参与国的合作正在显著增加。从2015 年至 2023 年间，涉及中国和"一带一路"国家的自然科学研究论文数量增加了 132%，此类合作占中国所有国际合作的 28%。为了进一步推进"一带一路"科技合作，2016 年，科技部、教育部等部门相继推出《推进"一带一路"建设科技创新合作专项规划》《高校科技创新服务"一带一路"倡议行动计划》等政策文件，提出科技人文交流、共建联合实验室、科技园区合作、技术转移等多种科技合作形式，为科技合作提供了明确的政策指引和支持。

我国与东南亚国家的合作主要集中在油气、煤炭、矿产资源等领域。东南亚地区资源丰富，但开发技术和管理经验相对不足。我国通过技术输出和合作开发，帮助这些国家提升资源开发效率和环境保护水平。例如，我国企业在印尼、马来西亚等国参与了多个油气田的开发项目，不仅提供先进的勘探和开采技术，还帮助当地培养了大量专业技术人才。在煤炭和矿产资源开发方面，我国与越南、老挝等国的合作也取得了显著成效，通过共建矿山和加工厂，实现了资源的高效利用和经济效益的最大化。

我国与东盟国家的合作则更多地集中在海洋科技领域。东盟地区拥有广阔的海洋面积,海洋资源丰富,但海洋科技水平相对滞后。我国在海洋观测、海洋资源开发、海洋生态保护等方面具有先进的技术和丰富的经验。通过与东盟国家的合作,我国帮助这些国家建立海洋观测网络,提升海洋资源开发和管理能力。例如,我国与菲律宾、泰国等国共同开展了海洋生态系统研究项目,通过联合科研和数据共享,提高了对海洋生态系统的认识和保护能力。此外,我国还与东盟国家共同开展了海洋灾害预警和应对合作,提升区域海洋灾害防治水平。

二、我国与美国的科技合作

2024 年 12 月 13 日,中美两国签署《关于修订和延长两国政府科学技术合作协定的议定书》,将《中美科技合作协定》自 2024 年 8 月 27 日起延期 5 年。这份协议经历数次艰难谈判,最终续签。但合作范围仅限于基础研究,未涉及前沿科技领域。《中美科技合作协议》是 1973 年尼克松访华后,中美建交达成的首份重大协议,它见证了中美两国科学家在近百项附加协议和合作框架下所开展的广泛科研工作。然而,随着"中国威胁论"和"制裁中国"等思想和政策手段逐渐成为美国两党共识,美国政府将科技发展卷入地缘政治旋涡,导致中美科技合作规模缩减。即便如此,但在少部分领域中美科技合作仍然在脆弱的政治关系下砥砺前行,最活跃的应属基础研究、人工智能和环境气候等领域。

在基础科技研究领域,中美科学家合作从未止步。以天文学为例,两国科学家共同参与了"平方公里阵列射电望远镜"(SKA)国际大型天文观测项目,该项目欲建造世界上最大的射电望远镜,以探索宇宙的起源和演化。中美科学家在该项目中合作开展技术研发、数据分析和观测任务,共同推动天文学的发展。在高能物理和粒子物理研究领域,中美科研人员仍保持着一定的合作态势。在欧洲核子研究组织(CERN)的大型强子对撞机(LHC)实验中,中美科学家共同参与了粒子探测器的研发和数据分析工作,为探索基本粒子的性质和宇宙的基本规律作出了贡献。

在人工智能领域,中美科学家在机器学习、深度学习、自然语言处理等领域的学术交流和合作仍在继续,许多顶级学术会议如 NeurIPS、ICML、ACL 等,中美科研人员共同发表论文、分享研究成果,推动了人工智能理论和技术的发展。2025 年 1 月 15 日,美国一个关注全球科技发展的网站"世界其他地方"(Rest of World)发文指出,中美两国尽管关系紧张,但人工智能研究合作仍然活跃。数据显示,过去 10 年里,美国和中国是 AI 研究中最频繁的合作伙伴。

环境和气候变化是全球性问题,中美在这一领域的合作具有重要意义。尽管美国内部存在政治分歧,但两国在一些具体的环境和气候变化项目上仍有合作。例如,在清洁能源技术领域,中美企业和技术研发机构在太阳能、风能、储能技术等方面仍有合作项目。两国共同开展了一些关于提高可再生能源效率、降低成本和储能技术的研发工作,以推动清洁能源的广泛应用。在气候变化研究方面,中美科学家共同参与了一些国际气候变化研究项目,如全球碳循环研究、极端气候事件预测等。这些研究有助于更好地理解气候变化的机制和影响,为全球应对气候变化提供科学依据。

三、我国与欧洲各国的科技合作

近年来,我国与欧洲各国的科技合作不断深化,取得了诸多成果。这种合作不仅促进了各国的科技进步,也为全球经济的可持续发展提供了有力支持。以下按国家和地区介绍我国与欧洲主要国家的科技合作情况。

我国与德国的科技合作历史悠久,尤其是在工业 4.0 领域,中德合作不断深化。在新能源技术方面,中德合作尤为突出。德国的汽车制造技术和我国的新能源技术相结合,推动了电动汽车的快速发展。例如,大众汽车与我国多家企业合作,共同研发和生产电动汽车,提升了电动汽车的性能和市场竞争力。德国在智能制造和工业自动化方面处于世界领先地位,我国则在大数据、人工智能等新兴技术领域发展迅速。例如,西门子与我国企业合作,共同建设了多个智能工厂。在环境和气候变化领域,中德合作也取得了显著成果。双方在碳捕获与封存(CCS)技术方面开展了合作,共同研发了高效的碳捕获和封存技术,为减少温室气体排放提供了技术支持。

我国与法国的科技合作在航空航天领域尤为密切。法国在航空制造和航天技术方面具有世界领先水平,我国则在航空航天材料和卫星技术方面发展迅速。例如,中法联合研发了"中法天文卫星"项目,旨在研究宇宙中的高能天体,如黑洞、中子星等。在农业领域,中法合作也取得了显著成果。法国在农业技术和农产品加工方面具有丰富经验,我国则在农业现代化和可持续发展方面需求迫切。双方通过合作,共同开展了多项农业技术研发和应用项目。

中英合作尤为突出。英国在基因编辑技术、生物制药等方面处于世界领先地位,我国则在生物技术和临床应用方面发展迅速。双方共同研发了多种新型药物,中英合作开展了基因编辑技术在疾病治疗中的应用研究,取得了多项重要成果。在学术交流与人才培养方面,英国多所高校与中国高校开展了联合培养项目,共同培养了大量高素质的科研人才。例如,剑桥大学与中国多所高校开展了联合培养博士生项目,共同培养了大量生物技术和环境科学领域的高端人才。

四、我国与亚洲国家的科技合作

我国在亚洲地区与新加坡、日本科技合作涵盖多个领域且成果显著。我国与新加坡在多个科技领域进行合作,特别是在金融科技、生物医药、智慧城市和环境科技等方面。在金融科技领域,2024 年,我国多家金融科技企业与新加坡金融管理局(MAS)合作,推动了跨境支付系统的优化。通过引入区块链技术,双方共同开发高效的跨境支付平台,降低了交易成本和时间。例如,中国工商银行与新加坡星展银行合作,实现了人民币与新加坡元的即时跨境支付,交易时间从原来的数小时缩短到几分钟。此外,双方还合作开展了数字货币试点项目,探索数字货币在跨境贸易和金融交易中的应用。2024 年,我国与新加坡在新加坡的多个商业区进行了数字货币试点,测试数字货币的支付、结算和清算功能。在生物医药领域,2023 年,我国与新加坡共同建设了多个生物医药联合实验室,开展新药研发和基因编辑技术合作。例如,中国科学院与新加坡国立大学合作建立了"中新生物医药联合实验室",专注于癌症治疗和罕见病研究。该实验室在 2024 年成功开发了一种新型抗癌药物，进入临床试验阶段。此外，双方还合作开展了"基因编辑技术在遗传性疾病治疗中的应用"项目，通过 CRISPR-Cas9 技术，成功修复了多种遗传性疾病的基因缺陷，为患者带来了新的希望。在智慧城市领域，2024 年，我国与新加坡合作建设的智能交通系统在新加坡多个地区投入使用。该系统通过大数据和人工智能技术，实现了交通流量的实时监测和优化调度。例如，新加坡的滨海湾地区通过智能交通系统，交通拥堵时间减少了 30%，事故率下降了 20%。此外，双方还合作开展了智慧社区建设项目，提升社区的智能化管理水平。

　　我国与日本的科技合作主要集中在新能源、环保、电子信息和医疗健康等领域。在新能源领域，2024 年，我国与日本合作开展了电动汽车电池技术研发项目。双方科研团队共同开发了新一代高能量密度、高安全性的锂离子电池，显著提升了电动汽车的续航里程和充电速度。宁德时代与日本松下合作开发的新型电池在 2024 年成功应用于多款电动汽车，续航里程提高了 30%。此外，双方还合作开展了太阳能技术合作项目，推动了太阳能光伏系统的高效化和智能化。2024 年，我国与日本在江苏和日本福岛分别建设了多个太阳能示范项目，采用了高效的太阳能电池板和智能控制系统，提升了太阳能发电的效率和稳定性。在环保领域，我国与日本合作建设了多个污水处理厂，采用了日本先进的污水处理技术和设备。例如，我国与日本在江苏无锡合作建设的污水处理厂，处理能力达到每天 5 万吨，出水水质达到国家一级A 标准，显著改善了当地的水环境质量。此外，双方还合作开展了大气污染防治项目，推动了工业废气的高效处理和减排。我国还与日本在河北唐山合作建设了多个工业废气处理项目，采用了日本的高效脱硫、脱硝技术和设备，显著降低了工业废气的排放量，改善了大气环境质量。在电子信息领域，2024 年，我国与日本合作开展了半导体技术研发项目，共同开发了新一代半导体制造工艺和设备。例如，中芯国际与日本东京电子合作，开发的 14 纳米半导体制造工艺在 2024 年成功应用于多款芯片，提升了芯片的性能和可靠性。通过这些具体的合作项目，我国不仅提升了自身的科技创新能力，还帮助新加坡和日本实现了科技自立自强，共同应对全球性挑战。未来，我国将继续深化与新加坡和日本的科技合作，推动更多领域的创新和发展，为全球科技发展和经济繁荣贡献更多力量。通过这些合作，我国与新加坡和日本将共同推动构建人类命运共同体，为全球可持续发展提供有力支持。

第二节　推动建立国际科技治理体系

一、推动构建国际科技规则，营造更加公正合理的国际环境

现行的国际科技规则主要是由发达国家主导制定的，对发展中国家利益重视不够，我国在国际科技规则制定中缺乏主导权和话语权。在大国战略竞争背景下，我国应更加积极主动地参与国际科技规则制定，争取建立更加公正合理的国际科技规则和秩序。

一是围绕人工智能等前沿领域主动发起国际科技组织。通过参与和发起国际科技组织，在关于知识产权保护、数据隐私、数据跨境流动、科研伦理等国际规则制定方面发挥引领作用；推动修订不合理的国际规则，建立更加公正合理、充分反映发展中国家正当诉求的国际规则，为所有市场主体营造市场化、法治化、国际化的营商环境和创新生态。

二是争取早日加入《全面与进步跨太平洋伙伴关系协定》(CPTPP)和《数字经济伙伴关系协定》(DEPA)。向有关各方积极宣介我国加入协定的立场和原则，加快与有关各方协定谈判的进程，共同推动在国际贸易、绿色低碳、数字经济等领域制定先进合理的国际经济和科技规则。基于《全球数据安全倡议》，与国际社会一道探讨并制定全球数字治理规则，打造开放、公平、公正、非歧视的数字发展环境。

三是在遵守国际科技规则方面发挥示范作用。对自身遵守国际科技规则的行为进行审视，加大在知识产权保护、数据隐私、数据流动等方面的监管力度和对违反国际科技规则行为的惩戒力度，抢占舆论高地和道德高地，努力成为全球遵守国际科技规则的标杆。

二、对标国际科技规则，制定国内高水平的科技政策体系

2001 年加入世界贸易组织（WTO）后，我国科技创新相关的政策法规体系不断完善，先后颁布、修订了《中华人民共和国科学技术普及法》和《中华人民共和国科学技术进步法》，完善了科技评价、科技奖励、创新调查、技术预测、科技监督、科技伦理治理等基础制度，加大了财税、金融、产业、贸易、人才等政策支持科技创新的力度，基本形成了鼓励创新创业创造的良好政策环境。我国的科技政策体系还有与社会主义市场经济体制不适应之处，与通行的国际规则不接轨甚至相悖之处。比如，我国研发补贴支持的科技领域和研发阶段比较宽泛，对高新技术企业的税收优惠政策缺乏针对性等。我国要对标国际科技规则对现行科技政策进行梳理修订，建立高水平的科技政策体系，营造具有全球竞争力的开放创新生态。

一是对国际科技规则演变的趋势进行研判。 从国际规则的演变趋势看，国际规则逐渐向国内延伸并与国内规制日趋一致，因此，要对国际规则演变的趋势进行跟踪研判，对国内与科技相关的法律法规、部门规章和政策进行系统梳理，并以国际规则为目标进行调整。加强与各国科技发展战略、规划、政策的对接，在国际科技规则制定中寻找最大公约数。

二是规范研发补贴政策。 研发补贴是在市场失灵的科技领域政府支持科技创新的政策行为，主要应支持基础研究、前沿技术研究、公益性技术研究和共性技术研究，以及竞争前技术研究。

三是增强高新技术企业税收优惠政策的针对性。 高新技术企业税收优惠政策应有针对性地支持中小型高新技术企业，以扶持相对弱小的高新技术企业度过初创期、迈出"死亡谷"。

四是实行更加国际化的人才引进政策。 在人才引进中充分考虑被引进国家的制度文化差异，处理好人才引进方、人才输出方以及被引进人才的利益关系，建立国际通用的引进人才的技术移民制度，拓宽政府部门、用人单位、专业化人才引进中介机构等多种引才渠道，采取平台引人、产业引人、教育引人等多种人才引进方式，不拘一格引进国家战略需要、产业发展急需的

各类高层次人才。

五是加大对知识产权侵权行为的惩罚力度。严格遵守知识产权保护的国际条约,加强知识产权、市场监管、商务等部门的联合执法,加大对各类知识产权侵权行为的打击和惩罚力度,重点打击网上侵权和有预谋、有组织的侵权,对知识产权侵权人实行"黑名单"制度。

六是采取与国际接轨的政府采购制度。政府采购创新产品和服务应坚持国民待遇原则,在保证国家安全前提下对中国境内的各类市场主体一视同仁,优先采购重大装备首台(套)产品和中小企业产品。开展加入世界贸易组织《政府采购协定》(GPA)谈判,坚持按照对等原则采购外国企业的产品和服务。

七是扩大国家科技计划对外开放。在国际科技合作计划和基础研究计划对外开放的基础上逐步扩大其他国家科技计划对外开放范围,开展"单边开放"试点,延展对外开放的广度和深度,提升与全球创新体系的连接性和融通性。加快设立面向全球的科学基金,探索设立面向全球的颠覆性技术基金。

三、强化国际标准制定能力,深度参与国际标准体系建设

标准的确立在促进科技创新和成果转化、推动战略性新兴产业发展和加强国际技术交流合作等方面发挥着重要作用。近年来,我国积极参与国际标准化战略制定和标准体系建设,实现了从国际标准化工作"参与者和贡献者"到"推动者和引领者"的转变。据市场监管总局(国家标准委)发布的《中国标准化发展年度报告(2023 年)》显示,2023 年中外标准一致性水平持续提升,全年共转化国际标准 999 项,明确 380 个国际标准组织技术机构与我国标准化技术委员会有对应关系,对应程度约 90%。2023 年我国共提出分子生物等244 项国际标准提案。截至 2023 年年底,我国与 65 个国家、地区标准化机构和国际组织签署了 108 份标准化双边多边合作文件,其中与 47 个"一带一路"共建国家签署 57 份合作文件①。

---

①　https://baijiahao.baidu.com/s? id=1796088103765201236&wfr=spider&for=pc.

但与发达国家相比,我国在国际标准化领域还有较大提升空间。比如,我国目前担任国际标准组织高层职位以及标准化技术机构负责人的人数依然偏少,国际标准组织的参与度尚需提高;我国参与制定的国际标准只有约2%,与欧美超过全球90%的参与比例差距巨大,国际标准制定能力有待或亟待增强,标准化人才队伍"重使用、轻培养"的问题突出,国际标准化人才短缺等。为提高我国科技创新竞争力,助推经济社会和科技高质量发展,我国要继续提升国际标准制定能力。

一是加强与国际标准化机构合作。深度参与国际标准组织战略制定和标准治理体系改革,争取在国际标准组织中成立更多由中国主导的技术委员会,在高铁、5G、光伏发电、新能源汽车等优势领域积极推动企业标准、行业标准和国家标准成为国际标准,在人工智能、下一代移动通信、量子科技、无人驾驶等未来产业领域掌握国际技术标准制定的主导权。

二是实现技术研发与标准制定联动。通过标准化专项设立和标准化机构建设,将技术研发与标准化工作紧密结合,在战略新兴技术、基础前沿技术等领域加大国际标准化研究力度,允许具备条件的外资机构、民营机构等平等参与标准制定,提升国际标准培育能力,促进全球范围内标准共设共通共用。

三是厚植国际标准的技术基础。国际标准的背后是科技实力的支撑,因此,必须找准产业发展和工程建设亟需解决的科学技术问题,创新研发组织形式,加强关键核心技术研发,获得更多高价值知识产权,在重大关键技术领域实现高水平科技自立自强,为参与和主导国际标准制定打下坚实的技术基础。

四是建设高水平国际标准化人才队伍。设立标准化人才培训学院,加强标准化人才培训专业机构建设,建立国际标准人才专家库,健全国际标准化人才激励机制,鼓励更多专家参与国际标准研究制定,形成系统化、专业化的国际标准化人才培养体系,打造一支高水平标准化人才队伍。